北野宏明

企画・執筆

Dr. 北野の
**0から
始める
システム
バイオロジー**
ゼロ

【注意事項】本書の情報について

　本書に記載されている内容は，発行時点における最新の情報に基づき，正確を期するよう，執筆者，監修・編者ならびに出版社はそれぞれ最善の努力を払っております．しかし科学・医学・医療の進歩により，定義や概念，技術の操作方法や診療の方針が変更となり，本書をご使用になる時点においては記載された内容が正確かつ完全ではなくなる場合がございます．また，本書に記載されている企業名や商品名，URL等の情報が予告なく変更される場合もございますのでご了承ください．

まえがき

システムバイオロジーは，現在，最初の成長期を迎えようとしている．私が1990年代中頃から提唱し，推進してきたこの分野は，幸いにも多くの賛同者を得ることができた．20年近くを経て，本格的に定着し，明確な成果が出始めている．それ以上に，世界中の大学でシステムバイオロジーが教えられ，多くの若手研究者が自らをシステムバイオロジストと名乗っていることが，この分野のさらなる発展を確信させる．

この時期に日本語での書籍を出版できることは，日本の研究コミュニティーがこの大きな流れに，より充実した人材の層をもって参加していくということに貢献できるのではないかと考えている．

1994年の広中平祐先生主催のセミナーに招待され，今井眞一郎さん（現ワシントン大学セントルイス）や利根川進先生との出会いがきっかけとなり，生物現象の計算モデル化やシステム解析に着手した．本書でも紹介している今井さんとの細胞老化の研究が，それまで理論物理，計算機科学（大規模並列計算機），人工知能，ロボット工学を主題に研究してきた，私の最初の生物

学プロジェクトであった．さらにソニーコンピュータサイエンス研究所（ソニーCSL）で，私と学生数人で線虫やショウジョウバエの発生の計算モデルをつくり，ケンブリッジまでシドニー・ブレナー博士に会いに行ったことも懐かしい．その頃，科学技術振興機構（JST）がこの研究に目をつけ創造科学技術推進事業（ERATO）の総括責任者に任命されるなどの展開があり，本格的な研究へと進んでいった．

振り返ってみると，多くの偶然と必然，そしてソニーCSLとJSTのパトロネージから生み出された研究が，20年を経て大きな流れとなったのだと思う．

現在では，当時に比べ飛躍的にシステムバイオロジー研究を行う条件が揃っている．多くの成果が生み出される成長期，加速期に入ったと言えよう．この分野に飛び込むには絶好の時期である．本書を手にとった研究者，学生の皆さんが，1人でも多くこの分野に興味をもち，これからの歴史を築いて，その成果を世に問い，世の中に還元されることを望む．また，システムバイオロジーをはるかに超えるような研究を構想し，推進しよ

うとする人へのインスピレーションとなればと思う．

システムバイオロジーに関する私のこれまでの研究は，資金面において，ソニーCSLならびに以下の公的資金，民間資金によってサポートされてきた．ここに感謝の意を表したい：

JST 創造科学技術推進事業（旧ERATO），JST 戦略的創造研究推進事業発展研究（SORST），JST戦略的国際科学技術協力推進事業，NEDO 国際共同研究助成事業，文部科学省ゲノムネットワークプロジェクト，JSPS 新学術領域研究「多階層生体機能学（HD-Physiology Project）」，厚生労働科学研究費（化学物質リスク研究事業），ならびに沖縄科学技術大学院大学（OIST）と理化学研究所・統合生命医科学研究センターの私のラボに対する運営交付金など．キヤノン財団 研究助成プログラム「理想の追求」．Australian Research Council（ARC）Grant，A*STAR JCO Development Program（Singapore），LCSB Research Contract（Luxembourg）

2015年2月

北野宏明

CONTENTS

まえがき　　3

第1講　「システムバイオロジー」とは何か？　北野宏明　　8

第2講　システムバイオロジーの方法論　北野宏明　　22

第3講　限られた情報から
仮説を見出すオープニング・ゲーム
〜ある老化研究を例に　北野宏明　　38

第4講　創薬研究への利用〜ある抗がん剤を例に　北野宏明　　54

第5講　役立つモデルをつくるのに必要なこと　北野宏明　　68

第6講　モデル構築における
ロバストネスとノイズ・揺らぎ　北野宏明　　84

第7講　情報プラットフォームと人工知能の登場　北野宏明　　108

第8講　人間の認知限界を突破するために　北野宏明　　126

実践　第9講　CellDesigner によるモデル構築と
シミュレーション　松岡由希子, 藤田一広, Samik Ghosh　　144

実践　第10講　PhysioDesigner による
生理機能の多階層モデル構築と
シミュレーション　浅井義之, 山下富義　　162

実践　第11講　Garuda Platform による
統合データ解析
松岡由希子, Samik Ghosh, Nikos Tsorman, 藤田一広　　174

あとがき　　186

さくいん 188
執筆者一覧 190

Dr.北野の
0(ゼロ)から始めるシステムバイオロジー

COLUMN

Virtual Biology？ 13
グランド・チャレンジ 14
研究のグローバル・マーケティング 17
NPGからの新たな
システムバイオロジージャーナルの創刊 19
研究プログラムの立ち上げ方 20
軍事作戦にみる研究との共通項 76
投資家目線で，リソースの集中投入 89
先ず隗より始めよ．
先ずエクセルより始めよ．158

第1講
「システムバイオロジー」
とは何か?

　　　　　　　　　　　システムバイオロジーに対する関心は高まっているが,具体的にシステムバイオロジーとは何か? 実際にどのように研究に役立てるか? 今までどのような成果が上がっているのか? などの疑問に答え,興味のある研究者にきっかけを与えるということが本書の趣旨である.そもそもシステムバイオロジーと言っても人によってやっていることも定義も違うので,何が本当のシステムバイオロジーかが分からないという人もいる.確かに,

出版されている論文を見ても，大規模なハイスループット実験を行いそこからのデータ解析をしたものをシステムバイオロジーと呼んでいる例もあれば，非常に精密な小規模な計算モデルとそれに対応する検証実験を行ったものをシステムバイオロジーと呼んでいるものまで様々である．さらに，計算モデルやデータ解析などをもってシステムバイオロジーと呼んでいる場合もある．本書のイントロダクションとなる第1講では，まず，システムバイオロジーとは何かということから始めたいと思う．

「システムバイオロジー」という言葉の意味するもの

システムバイオロジーとは「生物をシステムとして理解する」研究で，その関心は，特に，生物の"システムとしての特徴"の理解に当てられる．ここで重要なのは，システムバイオロジーという分野は，その研究手法ではなく，研究対象で定義されているということである．つまり，生命のシステム的側面を中心とした理解に関する研究全般が，その手法は問わずに，システムバイオロジーと見なされる（少なくとも広義のシステムバイオロジー）ということである．よって，その具体的なアプローチは多様であり，対象となるシステム（シグナル伝達系の一部なのか全体なのか，細胞レベルなのか個体レベルなのか，さらには集団レベルなのかなど）と何を知りたいかで変わってくる．物理学で

の例をとると，素粒子物理学は，素粒子という研究対象で定義され，その手法は問われない．しかし，高エネルギー物理学は，素粒子を主な研究対象とするが，手法として主に加速器を利用した研究という範囲に狭められる．

　生命を理解するうえでその要素の理解だけではなく，要素間の関係やダイナミクス，さらにはその背後にある動作原理を理解することは必須である．つまり，「ものの科学」から「ことの科学」への拡張である．重要なことは，遺伝子やタンパク質などの「もの」の理解に基盤を置きながらも，システムレベルでの原理という「こと」の解明という側面があるということである．

　例えば，フィードバック回路が構成されている時に，その機能は，各々の要素をいくら調べても理解することはできない．それは，フィードバック回路の生み出す機能が，一定の機能を有する要素を，特定の回路構造で連結した場合に初めて生み出されるからである[#1]．このような，個別の要素に帰着できない機能は，生命機能の根底を担っている．さらにこのような回路において，各々の要素が量的な変動を受ける場合，どの程度の変動まではその機能が維持できるのかなどの理解は，システムの恒常性の破綻による疾病の発症機序や薬剤による介入の効果などを合理的に推定するうえで重要である．このように，生命のシステムという側面での深い理解が，分子生物学と生命機能

0 からの一言 #1

フィードバックという概念や言葉が，使われてきていないということではない．しかし，システムバイオロジーの普及以前に，それらの言葉やフィードバックシステムの分析が，システムサイエンスの観点から十分な妥当性をもって議論された研究は極めて少ない．システムバイオロジーの目指すことの1つは，このようなシステム工学の概念と知見を生命システムのより深い解明に導入し，さらに生命システムに適合した理論を生み出し，生命のより深い理解と応用に資することである．

や生理学を結び付けるシステムバイオロジーの役割の大きな部分であると考えている．

　同時に，対象となるシステムによって，そのシステムの理解へと通じる方法論には多様な手法があることは当然想定できる．よって，システム的理解を推進する分野の名称として，研究の手法による境界の設定を示唆するような名称は好ましくない．研究対象でおおよその範囲を決める名称が望まれる．そこで，生命のシステムとしての理解ということを中核に据えた名称として「システムバイオロジー (Systems Biology)」という言葉を使うことにしたのである．また，この概念拡張には，システムサイエンスや計算機科学，制御理論などをはじめとした研究者の参加や概念の導入が必要であり，そのことを明示する名称である必要がある．その観点からもこの名称が適切であると考えた #2．

なぜシステムバイオロジーを提唱したのか？

　ここで，なぜ私がシステムバイオロジーという名前を掲げた分野を提唱するに至ったかに関して説明する必要があるだろう．90年代前半の生物学を思い出して（想像して？）いただきたい．当時の生物学の手法は，定量的な測定はあまり行われず，網羅的測定の技術も確立していなかった．当然数理モデルもごく限定的な単純なもの以外は見られない状態であった．ある遺伝子の挙動を調

0 からの一言 #2

システムバイオロジーという名前に関するおもしろい考察が大阪大学の近藤滋氏によってなされているので，参照されたい．
http://www.fbs.osaka-u.ac.jp/labs/skondo/saibokogaku/system%20biology.html

べるにしても，その転写産物の存在をノザン・ブロットやウエスタン・ブロットで，刺激前と刺激後の2点で測定し変化があるかを観測する程度の方法が主流であった．物理学，計算機科学，さらにロボット工学の分野から生物学に興味を持って勉強をし始めた私には，当時の生物学の手法では，生物の本質となるシステムとしての挙動が解明できるようにはとても思えなかった．ゲノム解析も完了していない状況だったので，新たな遺伝子の発見に重きが置かれた時代であり，それらの要素が分からなければシステムの研究など遠い先の話であるという考えが支配的であった．もちろん各々の要素の探求をしている研究者が，その要素間の関連に注意を払っていなかった訳ではない．その関連性をシスティマティックに研究する基盤が不十分なので，手を広げにくかったというのが実態だったと思う．

　そこで私自身の問題意識となったのは，これらの要素発見の時代（荒っぽい表現なので異議もあるだろうが）の次には，要素間の関係性やダイナミクスなどシステム論により重点が置かれる時代が来る必要があるが，その基盤があまりに整っていないということである．ところが，この基盤の整備やシステム研究の試行錯誤などに取り組むには，10年単位での時間が必要になると思われた．このギャップを最も効率的に埋めるには，一人でコツコツ研究をするのでは不十分であり，1つの

「ブーム」をつくる仕掛けが必要であると考えたのである．

> 単独登山ではなく
> 「月」に行きたかった

　その方法として考えたのが，システムバイオロジーという分野を提唱し，それに賛同し，興味を持つ研究者を世界的に増やしていくということである．まず研究分野の名称などは，所詮，人間のつくり出した1つのアーティファクトであり，記号にすぎない．そもそも研究分野という考え方や現象は1つの社会現象にすぎない．その社会現象を引き起こす目的は，その分野の枠組みとなる一連の考え方や方法論を示し，新たなインスピレーションの源泉となり，最終的にはサイエンスのさらなる進展や世のため人のためとなる成果のカタリストとなることにある．特に，新しい領域での活動を活発化させる場合には，研究のあるべき姿と現状に大きなcapability gapが存在し，そのgapを埋めることがそれなりに長期間にわたるという条件が必要となる．さらにその場合には，大きな旗印を立てることが戦略的に非常に重要となる．特に，システムとしての理解という領域は，遺伝子やタンパク質を相手にする「ものの科学」から，システムの動態という物理的な具体性を伴わない「ことの科学」への拡張を強いるものであり，単に細胞生物学や発生生物学のような研究領

COLUMN

Virtual Biology？

実は，システムバイオロジーという名称を使う前に，半年位，バーチャルバイオロジー（Virtual Biology）という言葉を使った時がある．コンピュータシミュレーションを中心とした研究で，バーチャル空間での新しい生物学を行うという意図を込めた言葉であった．しかし，「バーチャル」というのが，いかにも評判が悪い．どうもニセモノ的な雰囲気が拭えない．さらによく考えると，やるべきことは，バーチャルな（つまり計算機上での）生物学ではなく，そのような道具立てなども使って，システムとしての理解をすることだと気がつき，システムバイオロジーという名称に行き着いたという経緯もある．

グランド・チャレンジ

50年間というスケールでの仕掛けとしては，「2050年までに，サッカーのワールドカップチャンピオンチームに，FIFA正式ルールで，試合を行い勝利する完全自律型ヒューマノイドロボットのチームを開発する」という目標（グランド・チャレンジ）を掲げたRoboCupがある[1]．これは，次世代の人工知能・ロボットシステムが必要とする実世界との相互作用，リアルタイム応答，不確実情報からの推定と意思決定，複数ロボットや人との協調動作などの技術課題と現状の技術とのギャップを最も効率的に埋める長期的国際プロジェクトとして提案された．すでに，9.11テロの現場での救助活動や福島第一原発の事故現場の状況モニターで使われているロボットなどがRoboCupから生み出されている．また，RoboCupの技術をもってスピンアウトした会社が，Amazonなどの巨大倉庫の自動化を担う分散自律ロボットを中核とした商品受注・管理・配送システムを事業化するなどの成果が出ている．

域が1つ増えたという話にはならないことが想定された．つまり，直接見たり，触ったりできる「タンジブル」な世界から，「システム」という抽象的で概念的な世界へと展開していくのである．

　これらの背景から，少なくとも私自身が想定している状態に達するまでには，最低でも30年（おそらく実際には50年かかる）という時間が必要であると考えた．そのため，それだけの期間に耐えうる，より明確で大きな旗印を立てる必要があると考えた結果が，システムバイオロジーの誕生である．もともと生物学を研究していた訳ではない人間がこの分野に少しでも大きな貢献をするなら，システム指向の研究を加速することを仕掛けていくことが1つの大きな仕事になると考えた．着実な研究成果を積み重ねることを最優先にするのであるならば，分野を提唱して1つのプロパガンダを展開することは時間の無駄であると考えるであろう．しかし私は，できるだけ早くシステム論の考えを普及させ生物学を（自分の考える）次の段階に進め，ひいては病気の治療などに応用できるようにするには，自分の力だけではなく，できるだけ多くの研究者が1つの方向性をもって研究を進めていくことが必要だと考えたのである．単独登山ではなく，「月」に行くということである．そのためには，自分の研究時間を犠牲にしてもシステムバイオロジーを提唱し，普及させることが重要であるという意識を持っていた．

生物学の正常進化型としての
システムバイオロジー

　システムバイオロジー以前にシステム指向の分野や試みがなかったかというとそうではない．生物学・医学自体がそもそも生命・生体というシステムを対象にしているのであって，たとえその一部や構成要素自体の研究を行ったとしてもシステムとしての生体との関連を無視することはほとんどない．生理学はそもそも生体をある一定のレベルでシステムとして扱っているし，1930年代のWeinerのサイバネティックス[2]やvon Bertalanffyの一般システム理論[3]などの試みもある．しかし，WeinerやvonBertalanffyの時代は，分子生物学が生まれる以前であり，現象論としての議論がほとんどであった．さらに，Mesarovicは，1968年に編集した書籍『Systems Theory and Biology』の中で1カ所だけsystems biologyという言葉さえ使っているが，それを1つの体系として発展することは行われていない[#3]．神経細胞のレベルでは，1952年に提唱されたホジキン・ハックスレーモデルはモデルと実験の融合の先駆けでもある．さらに代謝解析の世界では，ある程度限定された範囲とはいえシステム論が中心であり，実験と数理が連関する研究が行われていた．実際，いち早くシステムバイオロジーを標榜した研究者の多くは代謝工学の研究者であった．

#3
0 からの一言

2010年代の中頃に，ギリシャのサントリーニ島で行われた学会で，Mesarovic氏と話をしたことがあるが，「当時は，システム理論と生物学の融合領域という程度の意味で書いてみたが，今のシステムバイオロジーのような展開は全く想像していなかった」ということであった．

しかし，現在では，分子生物学やゲノムサイエンスの目覚ましい進歩により，しっかりした分子レベルの知見のもとにシステム研究を行うことができる．さらに，計測機器や解析理論，計算機科学の発展により，以前では不可能であった物理レベル・分子レベルの理解に立脚した本格的なシステムレベルの研究を，豊富なデータと積み上げられた知見をもとにして行うことが可能となってきたのである．その意味では，システムバイオロジーは現代の生物学の正常進化型であり，論理的な展開である．そもそも12世紀のフランスの学者であるベルナールが「巨人の肩の上に立つ（Standing on the shoulders of giants）」と言ったように，新たな分野がそれまでの膨大な研究の積み重ねと関連なく出現することなどありえないのである[#4]．生物学のような実証科学では特にそのことが当てはまる．しかし，研究も人間が行うのであり，研究の方向付けや考え方は，研究者コミュニティーのダイナミクスに作用される側面が大きい．その意味で，正常進化と言って放置するより，分かりやすい旗を立て加速することも必要であろうと考えたのである．

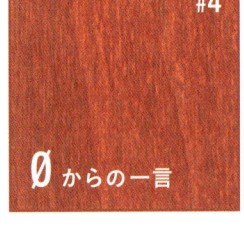

「システムバイオロジーは単なる社会現象である」というコメントをする人もいる．本稿で述べた通り，それは全く正論である．そもそも研究分野というものが社会現象以外のなにものでもない．問題は，その社会現象を起こしたことによって，より多くの人材を引きつけたり，共同研究や交流が促進されたり，予算がとれたり，新たなインスピレーションが生まれたりすることで，最終的にサイエンスを推進し世の中のためになる方向に物事が進むかどうかである．

「100人の父親」に育まれるシステムバイオロジー

システムバイオロジーを提唱することにした以上，1つの分野として発展させる必要がある．そ

のためには，システムバイオロジーの概念や方向性を書いた一連の論文，国際会議，学会などが必要である．大きな研究上の成果が直に期待できるならそれも有効であるが，すでに述べたようにそのような成果が出るための基盤つくりから始める必要があるという認識であったので，とにかく，その将来性を確信して飛び込んでくる研究者を増やし，研究基盤を開発し，多くの試行錯誤が行われることが重要であると考えた．

　当時は，ソニーCSL（株式会社ソニーコンピュータサイエンス研究所）において，私自身と学生数名で行っていた研究であった．幸い，この時期に科学技術新興機構（JST）がこの研究に興味を示して，そのERATOプログラムの総括責任者を依頼された（1998年のこと）．そこで早速，システムバイオロジー・グループを立ち上げた．実は，私は，このERATOプロジェクトの名前を「ERATO北野システムバイオロジープロジェクト」にしようとしたのだが，意味が分からなかったのか「プロジェクト名としてふさわしくない」としてJSTに拒否されて「ERATO北野共生システムプロジェクト」となった経緯がある．JSTの名誉のために一言加えておくなら，生物学者として全く業績のない私に「システムバイオロジー」という当時は他に誰も言っていない分野を含めた形でERATOという大型ファンドの統括を指名したのは大英断だったと思う．さらに同じくJSTの国際交流プ

COLUMN

研究のグローバルマーケティング

一時期，日本で「生命動態システム科学」という分野をシステムバイオロジーに対するものとして立ち上げようという動きがあった．そこには，システムバイオロジーがシステムの静的な側面を扱うのに対して，生命動態システム科学は動的な側面を扱うという意図があったと聞く．しかしシステムバイオロジー自体，システムの動態を扱うことも含むので，この新分野の構想は無理があった．そもそも，英文にするとLife Dynamics Systems Scienceという意味不明なものになってしまう．これでは，国際的に定着は無理である．グローバル・マーケティングが全然できていない．あまりにガラパゴス化した発想である．さすがに，これはJSTの報告書（「システムバイオロジーをめぐる国際動向と今後の研究開発」，CDRS-FY2011-CR-04, 2011）でも，生命動態システム科学という分野を立ち上げるのは得策ではなく，システムバイオロジーの進展にあわせて研究領域を強化すべきという結論になっている．

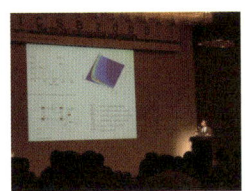
写真 1
ICSB-2000（於 東京）の模様

写真 2　Sydney Brenner 博士

ログラムの一環として第 1 回国際システムバイオロジー会議（The First International Conference on Systems Biology：ICSB-2000）を東京で開催することができた．これはシステムバイオロジーの名前を冠した世界初の会議であった（写真1）．バンケットスピーカーには，飛び入りで参加した Sydney Brenner 博士が「システムバイオロジーなど意味が無い」とやって大受けに受けた（写真2）．東京で第 1 回の会議を開催したことで，日本発ということを明確にした後は，この会議の権威付け，正統性を確保することが必要になる．そこで，第 2 回はカリフォルニア工科大学，第 3 回はカロリンスカ研究所（しかも，ノーベル・ウイークに開催），第 4 回はワシントン大学セントルイス，第 5 回は欧州分子生物学研究所（EMBL），第 6 回はハーバードメディカルスクールと，生物学での中核研究機関・大学がホストとなって毎年開催を続け，2014 年までに 14 回を数えるまでになった．また，2009 年には，システムバイオロジーをテーマとしたノーベルシンポジウムも開催された．

　この間，システムバイオロジーに関する Overview を 2002 年に Science 誌と Nature 誌に発表することができた[4)5)]．特に Science 誌は，Systems Biology の特集を組むことができ，そのインパクトは大きいものがあった．Nature 誌は，Science 誌が Systems Biology で特集を組んでしまったこともあり，Computational Biology の

特集のOverviewとしてComputational Systems Biologyというタイトルでの執筆となった．システムバイオロジーを掲げた研究所も必要となるので，2000年に，システム・バイオロジー研究機構（The Systems Biology Institute：SBI）を設立した．その後，シアトルではLee Hood博士がInstitute for Systems Biology（ISB）を設立するなど，システムバイオロジーの名称を冠した研究所や研究グループなどの設立が始まったのがこの頃からである．

ジャーナルの創刊も重要な要素である．NPG（Nature Publishing Group）とEMBO（欧州分子生物学研究所）が共同でMolecular Systems Biology（MSB）誌を創刊し，この分野の中核的なジャーナルを立ち上げた．最近になり，MSBがNPGからElsevierに移管されたこともあり，NPGはSBIとの共同オーナーシップの形態でnpj Systems Biology and Applicationsというジャーナルを立ち上げた（コラムも参照）．これらのジャーナル群がこの分野の成果発表の中核となり，分野がより活発化するであろう．

現在では，世界中にシステムバイオロジーの名称を冠した研究所，学部，研究プログラムができている．日本でも2011年には理化学研究所の新組織として，生命システム研究センター（QBiC）が設立された．しかし，米国ならびに欧州でのシステムバイオロジーに対する投資と研究の活性化

NPGからの新たなシステムバイオロジージャーナルの創刊

システムバイオロジーの分野では，今までNPGととEMBOが共同で創刊したMolecular Systems Biology（MSB）誌が中心的ジャーナルとなっていた．ところが，2014年からEMBOがすべてのジャーナルをElsevier社に移管することを決定したことに伴い，MSBもNPGとの契約を解消し，Elsevier社に移管された．これによって，NPGはシステムバイオロジー分野でのジャーナルを失うことになった．そこでNPGは，われわれシステム・バイオロジー研究機構（SBI）を新たなパートナーとして，NPGとSBIの対等な共同オーナーシップのもとに新たなジャーナルを創刊することにしたのである．これは，NPGが展開し始めたNature Partner Journal（NPJ）の1つとなりnpj Systems Biology and Applicationsという名称となる．私（北野）が，Editor-in-Chiefとなる．新たなジャーナルは，NPG有するジャーナル群におけるシステムバイオロジー分野でのフラッグシップ・ジャーナルとなる．

研究プログラムの立ち上げ方

日本で新しい研究領域を立ち上げる時，予算をつける官庁は「十分な数の研究者数が国内にいるか？」を気にする．しかし，新しい分野が急速に立ち上がるフェーズでは，国内にはまだ多くの研究者がいるとは限らない．そうなると構造的に予算化が後手に回ることになる．以前のERATOのような一本釣り的な指名をする方法は有効であった．一方米国では，DARPA（Defense Advanced Research Projects Agency）がプログラム・オフィサーに予算配分の裁量を与えるなどの方式をとっている．また個人の大規模な寄付による大型民間研究財団が多く存在し，多様性を持ったサイエンスへのサポートを実現しているのも強みである．

に比べ，日本国内は，非常に低調であることは指摘しておく必要がある．1つの理由には，日本の研究プログラムの立ち上げ方がある．さらに，多くの派生的名称である○○○ Systems BiologyやSystems △△△ Biologyが産まれている．多様なシステムバイオロジーの形態が出現することは予想の範囲であり，それはどんどん推奨するべきである．この段階になると1つのムーブメント的な側面もある．また，システムバイオロジーが本来意図した貢献をするには，これからも分野として長期的に成功し，発展する必要がある．「成功したプロジェクトには，100人の父親がいる」という言葉が示す通り，多くの人に自分がシステムバイオロジーの発展に重要な貢献をしていると思ってもらい，さらに発展に貢献するステークホルダーとしての意識をもっていただく必要がある．そのための社会的仕掛けは非常に重要になる[6]．

システムバイオロジーは決して特殊な学問領域ではない．バイオロジーの本流としての成長期に入りつつあると言える．そしてこの本を手に取った瞬間から，あなたはシステムバイオロジストである．もしかすると，"100人目"の父親はあなたかもしれない．

文献

1) Kitano H, et al：AI Magazine, 18：73-85, 1997
2) Wiener N：Cybernetics, or Communication and Control in the Animal and the Machine, Cambridge, MIT Press, 1948
3) von Bertalanffy L：General System Theory, New York, George Braziller, 1969
4) Kitano H：Science, 295：1662-1664, 2002
5) Kitano H：Nature, 420：206-210, 2002
6) Kitano H, et al：Nat Chem Biol, 7：323-326, 2011

第1講 | まとめ

> システムバイオロジーという分野は，
> その研究手法ではなく
> 研究対象で定義されている

> システムバイオロジーは，
> 生命の「システム」の理解を通じて
> 分子生物学と生理学のギャップを埋める

> システムバイオロジーとは，「システム」という
> 抽象概念を「生命」という文脈で定義し，
> 分子などの物理的実体と統合的に理解をする
> 仕組みづくりのために提唱された旗印である

第2講
システムバイオロジーの方法論

　第1講でシステムバイオロジーは生物学の正常進化であり，社会現象にしかすぎないと書いたが，システムバイオロジーの国際会議や関連ジャーナルで発表される研究成果を見ると，やはり，普通の生物学・医学系の学会とは明らかに違うタイプの発表が多い．また，従来のバイオインフォマティクスとも違う．もっとも最近は，バイオインフォマティクスの会議でも1/3ぐらいはシステムバイオロジー関連の発表であることが多い．そういう

意味では，やはり「新しい旗」を立てた意味があると感じる．では，生物学・医学や従来のバイオインフォマティクスとシステムバイオロジーは，どう"違う"のか，第2講では，その方法論にまで踏み込んでいきたい．

ウェットとドライを融合させる

　システムバイオロジーの研究のスタイルは多様である．最終的には，計算モデルも含めた研究を目指しているが，まずは，実験の部分だけからスタートするということもありうるであろう．しかし，本格的なシステムバイオロジー研究で特徴として見られるのは，理論・計算指向（ドライ）の研究フェーズと実験指向（ウェット）の研究フェーズが連動していることである（図1）1）．どのレベルで連動しているかは色々な場合がありうるが，共通しているのは，従来の生命科学研究に比べると計算科学的方法論の占める割合が劇的に増大しているということである．例えば大規模発現データの解析にしても，それらをクラスタリングするだけに留まらず，相互作用ネットワーク上にマップして，ネットワークのダイナミックな変化として捉え直すということや，それらのデータから遺伝子制御ネットワーク構造を推定するなどの解析を含んだ研究がより多く見られるようになっている．さらに，計算モデルを構築（モデリング）し，実験

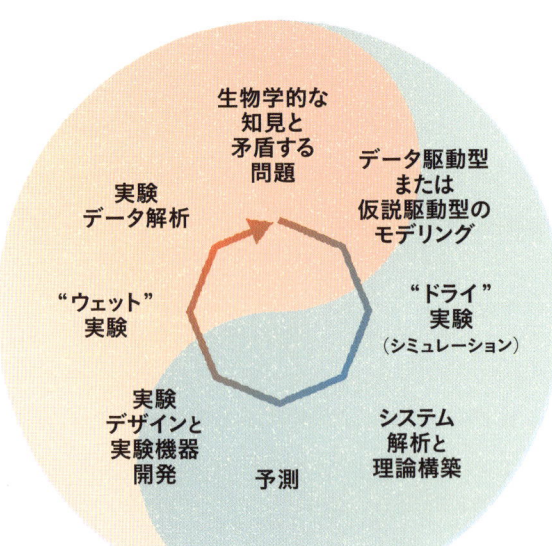

**図1
システム
バイオロジーに
おける多様な
研究フェーズの
連動**

文献1より引用.

例えば，Crossらによる一連の細胞周期の分子機構に関するモデル構築と検証実験は，この典型例とも言える2)〜5).

データを用いてそのチューニングを行うとともに，色々な予測を行う研究も見られる．その背後にあるモティベーションとしては，オミックス研究から出力される大規模データがあまりにも巨大であり，その解析に計算科学のサポートが必要ということがある．

　もちろんシステムバイオロジーは，大規模データを前提としている訳ではない．詳細な小規模な実験とモデルを用いて，仮説の構築と実験検証，さらにその結果によるモデルの改良のループを回していく研究も多い#1．

バイオインフォマティクスの応用がシステムバイオロジーとは限らない

　単に計算指向のプロセスと融合するということであれば，バイオインフォマティクスとどう違うのかと思う読者も多いであろう．現在では，多くの研究でバイオインフォマティクスが取り入れられ，そこから得られる遺伝子やタンパク質に関する情報を利用しながらさらに実験を進めるということは日常的に行われている．システムバイオロジーの研究としては，単に遺伝子やタンパク質の情報を得るのではなく，それらの形づくるシステムの構造や挙動に関する解析結果や予測を用いて，次の実験につなげていく必要がある．

　例えば，山中伸弥博士らのチームがiPS細胞の誘導に成功した際に，理化学研究所のFANTOMデータベースを用いて初期化遺伝子の候補を24遺伝子までに絞り込んだのは，バイオインフォマティクスの応用だとは考えられるが，システムバイオロジーのようには見えない．iPS細胞の場合は，少数の初期化遺伝子の一斉過剰発現によって初期化が可能となり，それを同定するには遺伝子制御ネットワークの解析などは不要であったという背景がある．しかし仮にこのプロセスが，複数の遺伝子の特定の順序での発現制御を必要とする過程であったならば，遺伝子発現制御ネットワークの同定やモデル化，さらにそれらの実験的検証など

システムバイオロジーのアプローチに即した研究となっていた可能性は高い．実際，多くのリプログラミングの研究では，システムバイオロジーの手法が導入され始めている[6]．

ここで重要なのは，その研究でどのようなscientific questionが設定されているかである．その問いが，直接に対象となる現象を引き起こすシステム自体に関するものであるか，その問いに答えるには対象となる現象を引き起こす"分子"ではなくシステムの理解が不可欠である場合には，システムバイオロジーのアプローチが必須となる．

生命システムを記述するための仮説群としてのモデルを構築する

システムバイオロジーの研究の特徴的な部分は，計算モデルの構築である．計算モデルには，非常に詳細なモデルから抽象的なモデルまで，その目的に応じて構築方法に違いがある．しかし，基本となる考え方は，モデルは仮説の集合体であるということにある．その研究で検証しようとしている仮説のみならず，すでに広く受け入れられている知識も，確度の高い仮説という捉え方のもとで，モデルは仮説群であるという見方をする．仮説であるからには，その確からしさの検証，反証実験などが行われ，その妥当性が問われることになる．さらに，モデルが一定の確からしさを有していると確認された場合には，モデルからの予測が実験

検証される価値を持つことになる．これ自体は通常の科学のプロセスだが，モデルが計算可能な形態で記述されることに意味は大きい．それは，モデル記述の曖昧性を排除していくことで，モデルの精密化と詳細化を余儀なくされるからである #2．計算可能なモデル記述を行うことで，ある意味自動的に曖昧さが排除されてくる．

物理学は，数学という言語による方程式を用いて，曖昧さの無い記述と理論計算による仮説の検証を可能としている．しかし，生物学の扱う対象は進化という確率的過程を経て現存する複雑で多様なシステム群の理解であり，単に基礎方程式で記述が可能な対象ではない．その代わりの役割を果たすのが仮説群としての計算可能なモデル（計算モデル）である．

#2

0 からの一言

われわれは通常日本語や英語などのいわゆる自然言語を用いて思考し，会話し，記述をしているが，これは相当に曖昧である．この曖昧さゆえに日常の会話が成立するのであるが，科学的知識の記述としては必ずしも最適ではない．

システムを理解する ＝制御・設計する

ここで，「システムを理解する」ということをよく考えてみる必要がある．システム理解は，おおよそ次の4つの段階に分けられるのではないかと思う 1)～7)．

① システム同定：システムの構造・相互作用ならびに要素の（網羅的）理解
② システム解析：システムの動態，動作原理の理解
③ システム制御：システムに与える擾乱を設計

し，実際に意図にそって状態を遷移させる
④システム設計：システムを目的にあわせて設計・合成し，意図通りの動作を実現する

この中で，①②は精密測定や網羅的測定，データからのシステム同定，知識統合，さらにはモデル・ベースのシミュレーションなどに関わる部分である．③は，①②での理解を基盤に，遺伝子破壊や薬剤での介入実験などを，システム解析を応用して予測し，検証するというプロセスであり，さらには，創薬や治療戦略へと結び付く部分である．また，④は合成生物学（Synthetic Biology）の分野と重なる．

工学をバックグラウンドにしてきた人間としては，システムを理解したと感じるには，構造や動作原理が理解できても不十分で，やはり思ったように制御し設計できて初めて少し理解したと感じる．その意味では，合成生物学は工学的な意味で「理解した」という実感に一番近い領域である．しかし，それ以外の場合では，計算機上での再現とそのモデルに対する色々な操作を行うことで，理解したという感覚を得ることは可能であろう．生物学においては，すぐさま工学的手法が導入できる訳ではないが，システム工学からのインスピレーションは今後より重要になるであろう．

モデル構築を支える
理論的基盤

　モデルを構築し，実験検証を行うプロセスは，具体的な研究を加速する．しかし同時に，それらの背後にある理論的基盤の研究もシステムバイオロジーの重要な部分である．システムバイオロジーが1つの分野としてしっかりしたものになるには，その背後に理論的基盤が必要である．現在はその全貌が明らかになっている段階ではない．この局面では，著者自身が，ロバストネスやそのトレードオフなどを基盤とした理論体系を構築する努力をしている（文献8〜13などを参照のこと）．これからさらに重層的で豊穣な理論体系が生み出されることを期待したい．

　私の考えでは，生物に関わる理論は，単に一連の基礎理論が存在するのではない．物質や分子と生命現象をつなげる「基礎理論」と「進化」，さらに，各々の階層でのシステム論的制約や設計原理となる「構造理論群」，さらには，それらに基づいて構成される生命の現時点での環境や周囲との相互作用の帰結としての具体的な挙動などに関わる「運用原理」の収斂する部分で，実際の生命が存在すると考えている（図2）．システムバイオロジーにおける理論研究は，特に「構造理論群」と「運用原理」に関わるものであろう．

　この理論体系を前提とすると，システムが一定

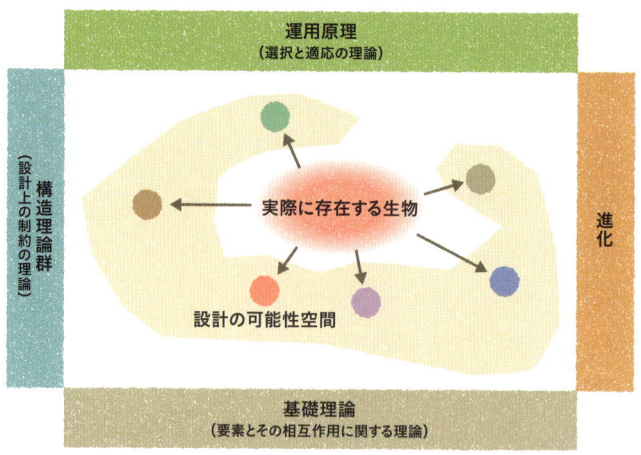

図2
生命科学における理論の体系
(北野試案)

の外乱に対する頑健性を向上させると，ほぼ不可避的に別の特定の外乱に対して極めて脆弱になるというロバストネス・トレードオフなどの一連の議論は，「構造理論群」と若干の「運用原理」に関わるものであると考えている．

ロバストネスを"生命"の文脈で捉えてみよう

構造理論群の中核をなす概念の1つが，ロバストネスに関する一連の理論であろう．よく使われる言葉であるが，曖昧に使われていることも多い．ここでは，システムサイエンスの視点からロバストネスの概念を整理してみよう．

ロバストネスとは，システムが外乱や内乱に対してその機能を維持する能力のことを指す．多くの場合，システムが擾乱にも関わらずその状態を

維持する，またはある程度状態の逸脱が発生しても元の状態に復帰することができる能力を意味する．この場合，ロバストネスはホメオスタシス（恒常性）とほぼ同様な意味となる．しかし大きな擾乱に対してシステムの機能を維持するには，元の状態とは大きく異なる他の状態へとシステムを遷移させた方がよい場合や，一定の不安定さを内包させた方がよい場合などがある．ロバストネスはこのような能力も含み，ホメオスタシスよりも広い概念である．

　ホメオスタシス（homeostasis）は，米国の生理学者ウオルター・キャノン（Walter Cannon）の造語で，homo（同一）の stasis（状態）を意味している．キャノンは以下のように述べている．「からだのなかに保たれている恒常的な状態は，平衡状態と呼んでよいかもしれない．しかしこの用語は，既知の力が平衡を保っている比較的簡単な，物理化学的な状態，すなわち，閉鎖系に用いられて，かなり正確な意味を持つようになっている．生体のなかで，安定した状態の主要な部分を保つ働きをしている，相互に関連した生理学的な作用は，ひじょうに複雑であり，また独特なので——それらのなかには，脳とか神経とか心臓，肺，腎臓，脾臓が含まれ，すべてが協同してその作用を営んでいる——私はこのような状態に対して恒常状態（ホメオステーシス homeostasis）という特別の用語を用いることを提案してきた．この用語は，固定

して動かないもの，停滞した状態を意味するのではない．それは，ある状態——変化はするが相対的に定常的な状態——を意味するものである．」〔日本語訳は「からだの知恵」（W.B.キャノン/著，館ちかし，館 澄江/訳），講談社学術文庫，1981年より引用〕14)．これに対してロバストネスは機能の維持を基準にしており，状態の維持を基準にしている訳ではない．すなわち，機能を維持するために大きく状態が遷移するという場合もロバストネスと考えられるが，これはホメオスタシスや安定性とは言うことができないのである．

そもそも，システムが不安定であるがゆえにロバストネスを維持しているケースもある．後天性免疫不全症候群（AIDS）を引き起こすウイルスであるヒト免疫不全ウイルス（HIV）は非常に高い突然変異率を持ち，その配列の一部が頻繁に変化する．この特質によって，免疫系の認識反応プロセスから逃れている．がんは，進行期には染色体の不安定性が増大し，1つの固形がんの塊の中でも多様な染色体異常を有する細胞群が混在する状況になっている．このため，例えば抗がん剤で一部のがん細胞を排除したとしても，その抗がん剤に対応できる遺伝的特質を有するがん細胞が生き残り，増殖を続ける．HIVもがんも染色体の不安定性がそのロバストネスの根源である．

ロバストネスを実現する機構には，システム制御以外にも冗長性や多様性，モジュラー化，

デカップリングなどがあり，実際にはこれらの機構が組合わさってロバストなシステムを構成している[15]．これらの多くは，工学システムにおいても利用されている手法である．特に，フィードバック制御と冗長性設計は，ロバストシステム設計の基本である．

複雑系との相違

読者の中には，いわゆる複雑系の理論も，前述の構造理論群に当てはまるのではないかと期待する向きもあるであろう．複雑系のアプローチでは「単純な要素の大規模な相互作用で複雑な挙動が生み出される」という考えに基づくことが多い．しかし，実際の生命では「各々の要素は驚くほど複雑で，多機能性を有し，特定のパターンで要素間が相互作用しており，その結果としてコヒーレントな挙動や基本形態が出現する．より複雑な挙動や形態は，これらの基本挙動や基本形態の文脈依存的な組合わせで形成される」というものであるというのが私の考えである．

実際にシステムの動作原理を理解するだけであれば，個別の遺伝子やタンパク質の理解はそこまで重要ではなく，分子間相互作用などの解析を中心に研究すればよいという側面もある．しかし，生体を構成する遺伝子や分子は複雑で多機能性を有しており，その実態を理解したうえで，それら

散逸系理論：Ilya Prigogineらの開拓した熱力学に根ざした非平衡開放系の自己組織化に関する理論である．これは，エネルギーの速い散逸がある開放系において，自己組織化による秩序形成がどのように行われるかを考察した理論である．

の要素の相互作用から生み出される機能を理解する必要がある．さらに，われわれが対象としているシステムは進化というプロセスに曝され，多様な環境で複数の種が競争・競合するという状態に，最適化されつつあるシステムである．多くの複雑系の研究では，自己組織化臨界[16]は強調されるが，進化的に生存と子孫の繁栄という評価関数に対して最適化の途上にあるという側面は見過ごされがちである．同様に，非平衡系の化学反応における秩序の創発を主に扱っている散逸系理論[#3]で，生命を説明しようという試みもある．確かにこれは，生命現象の中で発生する一部の現象を説明することはできるが，進化的選択や最適化の過程にあるシステムであるという視点が欠落しているために，生命の本質的な部分を説明できていない．この点で，システムバイオロジーの考えは，いわゆる複雑系の考えと違う部分がある．

　誤解してはいけないのは，複雑系や自己組織化の理論が生命現象にとって重要ではないという訳ではないということである．形態形成や色々なパターン形成において自己組織化に基づいた現象は観測される．しかし，それらを引き起こす機構が進化的に選択されなければ生物学的に意味のある現象とはならない．そのためには，少なくとも自己組織化や散逸構造の理論と，複雑なシステムの最適化に伴うトレードオフや進化的最適化を扱っている理論研究であるHOT理論や進化的に安定

な戦略（Evolutionary Stable Strategy）などとの統合が進められる必要があるのではないかと思う．

　以上，システムバイオロジーの方法論と，それを支える理論体系を概説してきた．本書では，より具体的・実践的なシステムバイオロジーの方法論についても第9講以降で紹介している．ぜひ合わせてお読みいただきたい．

文献・ウェブサイト

1) Kitano H：Science, 295：1662-1664, 2002
2) Charvin G, et al：PLoS Biol, 8：e1000284, 2010
3) Chen KC, et al：Mol Biol Cell, 15：3841-3862, 2004
4) Cross FR, et al：Mol Biol Cell, 13：52-70, 2002
5) Drapkin BJ, et al：Mol Syst Biol, 5：328, 2009
6) Macarthur BD, et al：Nat Rev Mol Cell Biol, 10：672-681, 2009
7) Kitano H：Nature, 420：206-210, 2002
8) Kitano H：Nature, 426：125, 2003
9) Kitano H：Nat Rev Cancer, 4：227-235, 2004
10) Kitano H：Nat Rev Genet, 5：826-837, 2004
11) Kitano H：Nat Rev Drug Discov, 6：202-210, 2007
12) Kitano H：Mol Syst Biol, 3：137, 2007
13) Kitano H：Mol Syst Biol, 6：384, 2010
14)「The Wisdom of the Body」(Cannon WB), Norton, 1932
15) Kitano H：Nat Rev Genet, 5：826-837, 2004
16) Bak P, et al：Phys Rev A, 38：364-374, 1988

参考図書

『In Silico Systems Biology』(Schneider MV ed.), Springer Protocols, 2013

第2講 | まとめ

> システムバイオロジーは大規模データを
> 前提としている訳ではなく，
> 詳細な小規模な実験とモデルを
> 用いることも多い

> システムの理解は，
> 同定，解析，制御，設計の
> 4つの段階に分かれる

> システムバイオロジーを支える
> 理論体系の確立が
> 期待されている

第3講
限られた情報から
仮説を見出す
オープニング・ゲーム
～ある老化研究を例に

本講では，いわゆるオープニング・ゲームと呼ばれる知識やデータが極めて限られた中での研究について，私自身が，現・ワシントン大学医学部（セントルイス）発生生物学部門教授の今井眞一郎博士と行った細胞老化の研究を例に議論したい．

限られた知見から
いかに仮説を設定するか

ことの起こりは，1994年の夏に，岡山の吉備

高原で開催された数理科学振興財団が主催する「数理の翼」という高校生向けのセミナーに講師として招待されたことだった．そこで，当時，慶應義塾大学医学部の助手であった今井氏より，「細胞老化の研究をしているが，色々なデータが矛盾しているように見える．計算機を使って一貫した説明ができないか」という相談を受けたことから始まった．

　1994年時点での細胞老化の研究は，今から振り返ると非常に限定的かつ断片的な知識しかなかった．例えば，ヒトの線維芽細胞が一定回数の分裂を行うと，それ以上分裂しないという「ヘイフリック・リミット」という現象が知られていた[1]．しかし，どのようなメカニズムでこの分裂停止が起きるのかは全く理解されていなかった．

　また，当時利用できたデータは極めて限られていた．その1つが培養細胞の成長曲線（growth kinetics）で，横軸に時間，縦軸に倍加指数（population doubling level：PDL）#1 の値で表示される．線維芽細胞（MRC-5）では，徐々に増殖速度が落ちてくる曲線を描く．しかし，SV-40 Large T-Antigen Infected Cell（HuS-L12）では増殖曲線はまっすぐにのびていき，最後の段階で増殖が停止するカーブとなっていた（図1A）．もう1つが，限られた遺伝子の発現レベルを測定した結果である．細胞老化に関係すると考えられていた遺伝子群は，分裂寿命（replicative life span：RLS）#2 の80％程

#1 ０からの一言

倍加指数：細胞が集団として何回分裂したかを示す指数．例えば，最初の100個の細胞からなる集団で200個の細胞の集団になれば，PDLは1（2倍，つまり2の1乗）増加する．

#2 ０からの一言

分裂寿命：細胞集団の増殖の上限．ここではセルライン化されていない細胞を使うので無限増殖はしない．

度に達した時期から発現量が増大する特徴を持っていた（図1B）．ここで問題は，①もし老化関連遺伝子が細胞の増殖抑制に関係するなら，MRC-5においてRLSの80％よりはるかに以前から徐々に増殖速度が落ちるという現象をどう説明するのか？②どのような分子機構で，RLS80％になったタイミングで遺伝子発現が変動するのか？③なぜ，SV-40 Large T-antigen感染細胞では，細胞増殖速度の漸減が見られず急激に増殖停止するのか？などである．

例えば，「MRC-5に見られる増殖速度の漸減は，特定の転写産物の細胞内蓄積による」という仮説をとることも可能である．しかし，実際に計算してみると，この仮説ではデータを説明できないことが分かった．なぜだろうか．増殖抑制に関わるある転写産物が，1単位生成されるとする．これは，細胞分裂の際に，両方の娘細胞に分配される．これは当然，統計的揺らぎを伴うが，簡便に半分の0.5単位ずつ分割されるとする．さらに次の周期で新たに1単位生成されると，1.5単位となる．

図1　細胞老化の実験データ
A) 培養細胞の増殖曲線，
B) 遺伝子発現レベル．

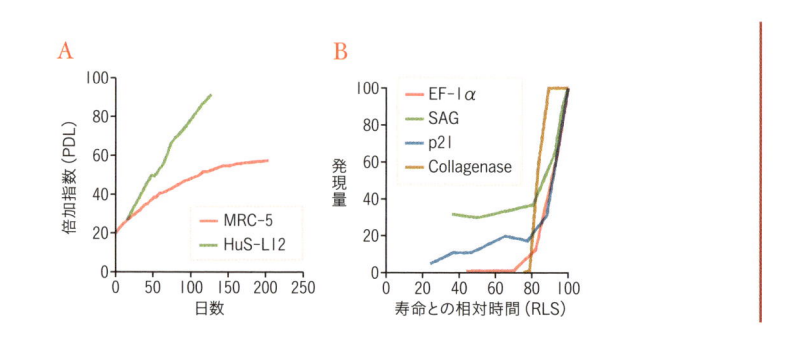

**図2
転写産物の蓄積と
分配の計算結果**

□内の数字は，
細胞分裂ごとの
転写産物残存割合を表す．

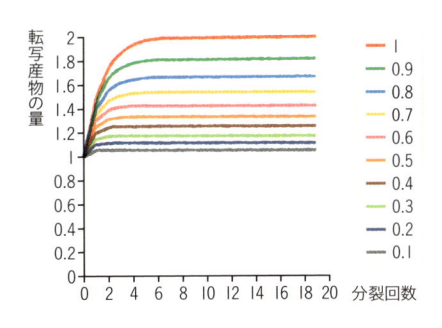

　これは，分割されると0.75になる．これを続けると数周期後にほぼ2単位となり，均衡してしまう(図2)．つまりこのモデルでは最初の数PDLで増殖速度は低下するが，その後は同じ増殖速度を保つことになり，全期間を通じて斬減する曲線は理論的に構築できない．そればかりか遺伝子発現パターンが全く再現できないなど，このような分子機構を前提としたモデルは，どのようなモデル・パラメータを使用したとしてもデータと一致させることはできないという結論に達する．

　当時，有力とされていた仮説として2ステージモデルというものがあった[2]．これは，細胞老化のプロセスはM1とM2の2つのステージが直列にあり，M1はDNAダメージなどによる細胞増殖停止に関わり，M2ステージはテロメアの短縮によるものであるという仮説であった．さらにM1ステージに関しても，テロメアの短縮の影響によりp53やpRBなどが働き，増殖停止に関わっているという議論もあった．しかし，HuS-L12細胞の場合，M1ステージを通過せずにM2ステー

2ステージモデル
(従来の仮説)

M2 ステージ
(Mortality Stage 2)
―――――
M1 ステージ
(Mortality Stage 1)

2プロセスモデル
(われわれの仮説)

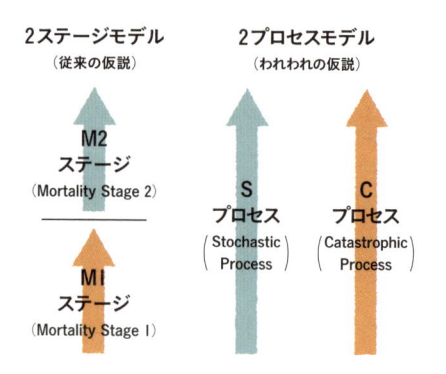

S プロセス
(Stochastic Process)

C プロセス
(Catastrophic Process)

図3　2ステージモデルと2プロセスモデル

ジに相当すると思われる急激な増殖能の喪失が観察されるなど，論理的につじつまが合わない．さらに，いくつかの知見とシミュレーションの結果から，われわれは「徐々に増殖能が低下することに関するプロセス（Sプロセス）」と「最終的に増殖能を失わせるプロセス（Cプロセス）」の2つのプロセスが並列に存在しているとの仮説に至った (図3).

シミュレーションは網羅的な仮説検証を可能にする

しかし，これらのプロセスのより具体的な数理的性質が分からなければ実験的実証への手がかりにならない．そこで，われわれは，VCL (Virtual Cell Laboratory) というコンピュータ・プログラムを構築し (図4)，色々な仮説を立て，それらを網羅的に検証することにした[3].

われわれは，論理的に考えられる多くのメカニズムを想定し，特にその中から絞り込んだモデル群に関して，多くのパラメータの組合わせによっ

て網羅的にシミュレーションを行い，実験結果に構造的に一致しないメカニズムを排除していくというプロセスを行った．明確な分子機構に関する知見がほとんどない中でのモデル化であるので，モデル自体が抽象的なものにならざるをえない．この際に，制御機構と効果機構の2つの側面で，論理的に考えられる複数の可能性を設定し，それらの組合わせを網羅的に検証した．

まず，制御機構に関しては，われわれは何らかのカウンター機構（分裂回数を数えるしくみ）の存

図4
Virtual Cell Laboratoryの概念図と画面表示例

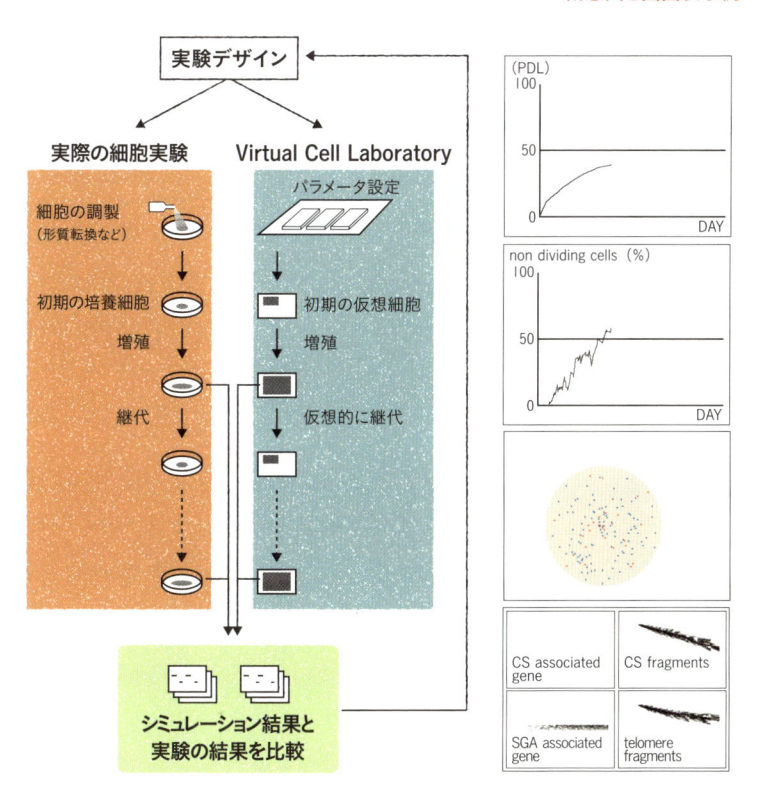

第3講　限られた情報から仮説を見出すオープニング・ゲーム〜ある老化研究を例に

図5
2プロセスモデルの検討で考慮された、
カウンターと
エフェクター遺伝子群の
組合わせ

在を仮定した．これはテロメアであることもありうるが，一定の数学的特徴を満たせば他の機構ということもありうる．カウンター機構自体のモデル化は，N個の因子が存在し，それが細胞分裂ごとに独立に状態変化する場合と一定の順序をもって変化する場合を，プログラム上の配列とその要素の確率的変化で表現した．ここで，1つのカウンター機構のもとに2つのプロセスが制御されているのか，2つのカウンターが存在するのかの区別がある（図5）．さらに，これらのカウンターは，別々の遺伝子群を制御しているのか，同じか大幅に重複している遺伝子群を制御しているのかの区別もある．さらに，制御される遺伝子群の発現動態から細胞の増殖能低下までの部分で，遺伝子発現した細胞自体が増殖停止するのか，パラクライン的に機能して，周辺細胞に影響を与えるのかの違いも検証する必要がある（図6）．

　シミュレーションは，これらの組合わせに対して網羅的なパラメータ設定を行い，実験データをよく再現する組合わせとパラメータセットを探索

図6
2プロセスモデルで
考慮された，
エフェクター遺伝子群の
細胞増殖への
影響形式の組合わせ

することになる．細胞老化の実験は培養細胞の継代培養下で行われるため，計算機モデルも，これらの機構を有する仮想細胞を数万個設定した状態を初期状態として細胞集団の継代培養のシミュレーションを行った．結局，おおよそ50万回程度のシミュレーションを行ったと記憶している（図7）．

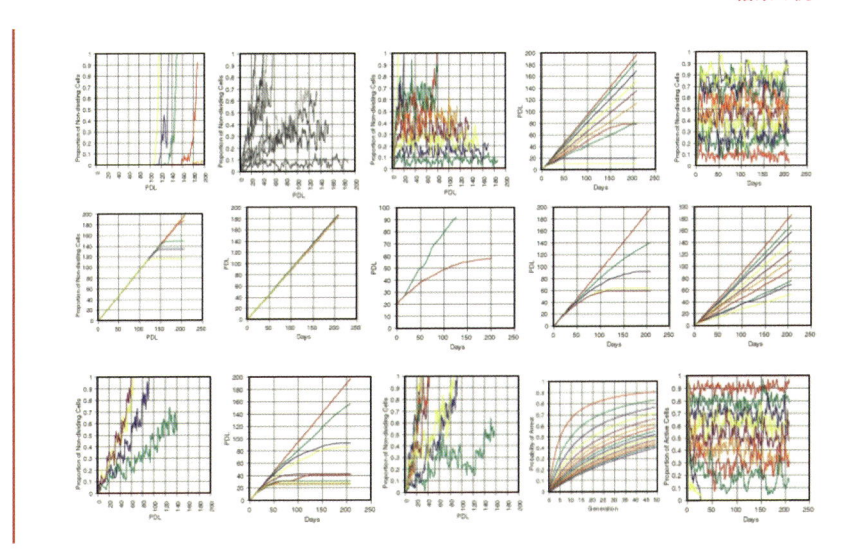

図7
VCLによる
シミュレーション
結果の例

第3講　限られた情報から仮説を見出すオープニング・ゲーム～ある老化研究を例に　　45

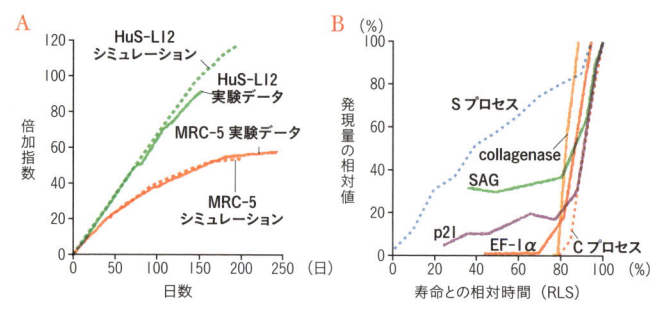

図8
2プロセスモデルによるシミュレーション結果と実験データの比較 4)

シミュレーションが生み出す"制約"から新たな仮説がつくられる

その中で，ありうるモデルとして生き残ったのが (図8, 図9)，大枠としては，以下の仮定であった：①前述のようにSプロセスとCプロセスという2つのプロセスが並立して存在する，②遺伝子転写を調整する多数の因子が細胞増殖に応じて変化し，それに応じて転写活性が増大することに起因するSプロセスと，多数の因子が確率的順序機械 #3 として変化し，さらに遺伝子転写制御への影響に関して一定の閾値が存在するCプロセスが老化を制御する，③Large T-antigen感染細胞の場合は，Sプロセスがブロックされる，④Cプロセスは細胞内プロセスであるが，Sプロセスは細胞間相互作用によるシグナル伝達系が関与する．われわれはこれらの仮定によって構成されるモデルを2プロセスモデルと名付けた 4)．

この結果のみからでは，「多数の因子」が関わ

∅ からの一言 #3

確率的順序機械：複数のステップを経る順序だった変化が，各々のステップに関して確率的に進行するメカニズム．

るプロセスは，テロメアにも当てはまる．しかし他の実験データなどから，テロメアそのものの関与は必ずしも直接的ではない可能性を考慮した．また，われわれは細胞老化は発生プロセスの最終段階であるというコンセプトを立て，テロメアに比べ，より一般的な遺伝子発現制御機構を老化の分子機構として想定するべきという判断をした．シミュレーションの結果から，「多数の因子」は反復的であり，その変化は確率的順序機械として表現できる可能性があり，遺伝子発現に対して抑制的に機能し，細胞分裂を超えて状態が保存されうる，という制約が明らかになった．この制約に合致する分子機構として，「ヘテロクロマチンの再編成」が，統合的な細胞老化のドライバーであるという仮説が浮かんできたのである．

　ここで重要なことは，シミュレーションの結果自体からは，テロメアとより一般的なヘテロクロマチンのどちらを本命の分子機構とするべきかが，

図9
2プロセスモデルの概念図 5)

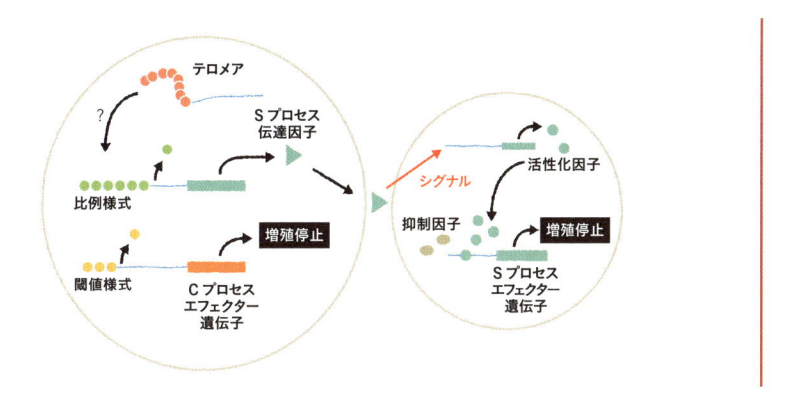

第3講　限られた情報から仮説を見出すオープニング・ゲーム〜ある老化研究を例に　47

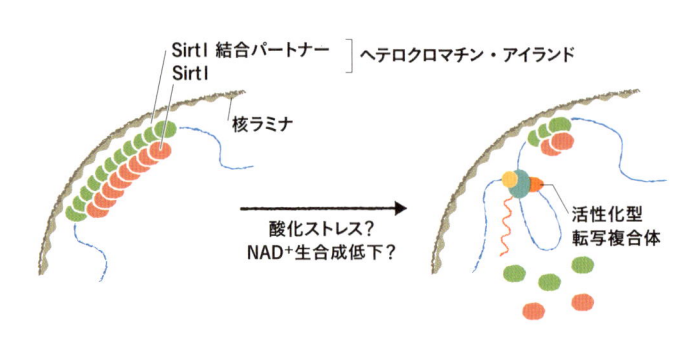

図 10
ヘテロクロマチン・アイランド仮説に関する分子機構の検討図[6]

自動的には決まらないということである．当時，多くの研究者がテロメアを本命視して研究をしていた中で，ヘテロクロマチン説に重心を移した背景には，テロメア老化説に関するいくつかの矛盾するデータの存在，さらに老化を発生過程の一プロセスと考えた概念定義があった．この概念を細胞老化のみならず個体老化にも一般化したものとして，われわれは，ヘテロクロマチン・アイランド仮説を提唱した[5]．つまり，老化ならびに発生のプロセスは，どちらもヘテロクロマチンの体系的な再構成による遺伝子発現制御によってドライブされているというものである．テロメアもヘテロクロマチン領域を含むことから，テロメア仮説も包含する仮説としてより普遍性をもった理論であると考えた．さらに，実際にMRC-5細胞の老化過程において認められたOct-1の局在変化から，図10に示すような核ラミナ構造との関連における分子機構を想定した．これより一般化した模式図が図11である．

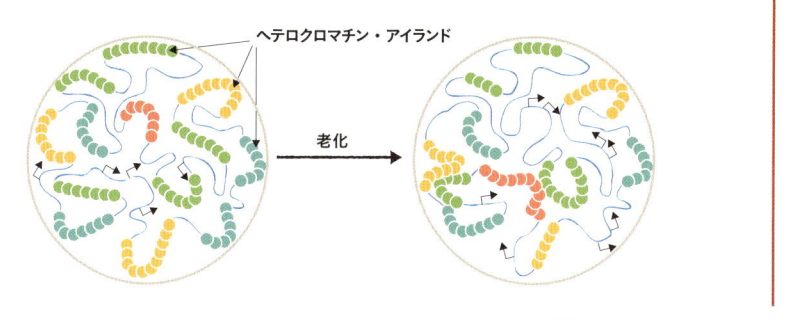

図11
ヘテロクロマチン・アイランド仮説の概念図[6]

実験的な検証により仮説を実証する

　この仮説を実証するには，ヘテロクロマチン構造変化の制御プログラム，再編成プロセス，その結果の効果に関するプロセスなどが実験的に確認される必要がある．そのためには，より具体的な分子機構の推定・解析が重要である．われわれの論文では，このプロセスに関与すると思われる最も有力な遺伝子として，出芽酵母のSIR2をあげている[5]．これは，計算モデルから直接導き出される結論ではない．その時点での生物学的知見より，ヘテロクロマチン構造に影響を与え，ヒトにおいてもホモログ（SIRT1）の存在する遺伝子として，SIR2が有力な候補であろうと推測したのである．この仮説を提案した直後に，MITに留学した今井氏は，実際にSIR2が前例のないNAD依存性脱アセチル化酵素活性を持ち，出芽酵母の老化を制御していることを明らかにして，サーチュ

イン研究の幕開けとなった[7]．

　さらに，仮説の提案から15年を経て，この仮説の一部は最近の研究によって実証されつつある．例えば，老化プロセスに，クロマチン修飾因子の再分配が関わっているということが，RCM (redistribution of chromatin modifiers) という形で実験的に検証された[8]．また，哺乳類のSIR2ホモログであるSIRT1，SIRT6の広範な転写制御機能は，仮説を裏付ける有力な実験的知見であり，最近ではSIRT1，SIRT6ともに哺乳類の個体老化・寿命の制御に重要であることが証明されている[9][10]．さらに，SAHF (senescence-associated heterochromatin foci) の発見は，まさにヘテロクロマチン・アイランド仮説のクロマチン制御の部分を解き明かす研究である[11]〜[13]．一方，SASP (senescence-associated secretory phenotype．老化細胞から炎症性サイトカインなどが分泌される現象)[14]〜[16]は，仮説提唱当時には，全く知られていなかった細胞間相互作用に関する機構である可能性もある（図9のブルーの三角で示されている因子に相当する可能性がある）．われわれが2プロセスモデルとヘテロクロマチン・アイランド仮説を提唱した時点では，細胞老化は，基本的な部分においては，細胞自律的に引き起こされるという考えが支配的であり，細胞間相互作用がシミュレーション上必要であるとの結果に対しては，大きな戸惑いを感じたことを記憶している．さらに，細胞老化と発生・

分化を統合的に説明できる分子機構は，当時では異端と見られていた．しかし，最近の研究ではまさにこの視点が注目されており，今後の展開が楽しみである[17) 18)]．

　ここで見られるように，限られた知見しかない現象のモデル化とそこから実験的な検証へとつなげる際には，適切な抽象化とその解釈が非常に重要になる．また，細胞老化の事例に見られるように，仮説の提唱からその実証までに非常に長い時間がかかることも珍しくはないであろう．しかし，理論的・システム論的な検討から実験研究のターゲットを絞り込んでいく手法には，普遍的な有効性があると思われる．現時点の老化研究は多くの分子機構が明らかになり，かなりの部分で，より精密かつ具体的な分子機構をモデル化しながら進めていくことができる段階に入ってきている．さらに，生体全体のロバストネスとその破綻という観点からの老化研究がリアリティーをもって語られ始めているなど，次の段階の研究が可能なエキサイティングな時期に来ていると思われる[6)]．

　老化という全身性に，また長期間にわたって進行する現象でシステムバイオロジーが力を発揮するという事実は，その潜在的応用可能性の高さを示していると言えるだろう．

文献

1) Hayflick L & Moorhead PS：Exp Cell Res, 25：585-621, 1961
2) Wright WE, et al：Mol Cell Biol, 9：3088-3092, 1989
3) Kitano H, et al：The virtual biology laboratories: A new approach of computational biology.「Proceedings of the Fourth European Conference on Artificial Life」（Husbands P & Harvey H eds），pp274-283, MIT Press, 1997
4) Kitano H & Imai S：Exp Gerontol, 33：393-419, 1998
5) Imai S & Kitano H：Exp Gerontol, 33：555-570, 1998
6) Imai S：Biochim Biophys Acta, 1790：997-1004, 2009
7) Imai S, et al：Nature, 403：795-800, 2000
8) Oberdoerffer P, et al：Cell, 135：907-918, 2008
9) Kanfi Y, et al：Nature, 483：218-221, 2012
10) Satoh A, et al：Cell Metab, 18：416-430, 2013
11) Narita M, et al：Cell, 113：703-716, 2003
12) Ye X, et al：Mol Cell Biol, 27：2452-2465, 2007
13) Shah PP, et al：Genes Dev, 27：1787-1799, 2013
14) Coppé JP, et al：PLoS Biol, 6：2853-2868, 2008
15) Takahashi A, et al：Mol Cell, 45：123-131, 2012
16) Levy D, et al：Nat Immunol, 12：29-36, 2011
17) Storer M, et al：Cell, 155：1119-1130, 2013
18) Muñoz-Espín D, et al：Cell, 155：1104-1118, 2013

第3講 | まとめ

> 因子に関する情報が乏しい現状にも，
> システムバイオロジーは
> 応用できる

> シミュレーションと
> 検証実験の循環から，
> 全く新しいコンセプトが生まれる

> システムバイオロジーは，
> 老化のような
> 時空間ダイナミクスを伴う
> 現象の解明にも威力を発揮する

第4講
創薬研究への利用
～ある抗がん剤を例に

　前講では情報が決定的に不足している状況でのアプローチを示したが，本講では情報は比較的十分あり，その中で創薬へと応用した事例を紹介する．

システムバイオロジーが
創薬プロセスを加速する

　欧米の主要製薬会社は，2000年前後に試験的に小さなグループを社内に組織してシステムバイオロジーの可能性を探り始めたが，その段階での

試みは試行錯誤というべきもので，うまくいかずに撤退するケースなどもあったのが実情であった．

　しかしこの数年で，状況は大きく変わりつつある．米国を中心にシステムバイオロジー的アプローチで創薬や創薬支援を行うベンチャーが起業され，そのいくつかは上場するまでに至っている．また，後述するようにMerrimack Pharmaceuticals社（以降，Merrimack社）のように精緻な計算モデルの解析から創薬ターゲット（ErbB3）を同定し，それに対するモノクロナール抗体（MM-121）を開発し，臨床試験に入るなどの事例も出始めている．このMerrimack社の場合は，計算モデルが全体の創薬パイプラインをドライブしたという先進的な事例であり，注目される．一方，大手製薬会社は基本的に非常に保守的であり大きな事業モメンタムを有する企業群であるが，システムバイオロジーのアプローチを本格的に導入する事例が増えてきている．

　また，2008年7月には，イタリアのポルトフィーノに欧米の主要な製薬企業の研究者が集まり，今後の創薬パラダイムに関するクローズドなワークショップが開催され，システムバイオロジーの重要性と今までの成果が議論された[1]．この背景には，近年の網羅的測定技術の発展などによって引き起こされた生物学的情報の加速度的な蓄積から，システム的アプローチによって創薬や治療に有用な情報を引き出せるのではないかという期待と同

#1

0からの一言

SBIでは，創薬全般に関して，システム解析，データ解析，ソフトウェア開発，その他コンサルティングを行っている．ご興味のある製薬企業やバイオベンチャーは，ご連絡をいただければと思う．

時に，単に個別の創薬標的を同定し化合物を設計するアプローチでは，もはや有効な薬をつくることができないという危機感の現れがある[2]～[4]．筆者が代表を務めるSBIにおいても，複数の製薬会社とのプロジェクトが進行しており，ターゲット探索，薬効や毒性予測から，新規バイオマーカーの同定による適用拡大を目指すものまで色々な取り組みがある#1．

製薬企業とアカデミアで進む創薬プロセスにおける情報基盤の整備

現在，欧米の製薬企業とアカデミアでは，創薬プロセスを支える情報基盤の整備に大きな資源を投入し始めている．その背景には，さらなる開発効率のみならず，バイオマーカーやパーソナルゲノムの利用も視野に入れた次世代の創薬プロセスを加速させるために，広範なデータとシステム解析のノウハウを取り入れる必要が認識され始めているという実態がある．

欧州の製薬企業を中心とした，欧州委員会(EC)と欧州製薬団体連合会(EFPIA)によるIMI(Innovative Medicines Initiative)においては，システムバイオロジーやデータサイエンスの本格的導入が1つの大きなテーマとなっている．これは，IMIのOn-going project[5]のかなりの部分が，情報基盤の整備や予測モデルの開発をテーマとしていることからも読み取れる．2013

年7月にブリュッセルで行われたIMIの会議は，"Translational Knowledge Management in Pharmaceutical R&D"というテーマで開催され，統合的な知識管理をどのように実現していくかが主要な議題となった[6]．さらに，AstraZeneca社，GSK社，Novartis社，Pfizer社を中核とした製薬企業の共同研究プロジェクトであるPistoia Alliance[7]も同様なフォーカスを持っている．さらに，われわれが主導するGaruda Alliance（詳細は第11講を参照のほど）[8][9]とIMIならびにPistoia Allianceの連動性が期待されている．このために，tranSMART/eTRIKSプロジェクトを手始めとして情報基盤の相互運用性を保証するプロジェクトを開始している[#2]．われわれは，tranSMARTシステムとGaruda Platformの連動性を保証し，Garuda Platform上に実装されるシステムバイオロジーやバイオインフォマティクスのツール群の解析能力を臨床データ解析に利用し，さらに，システム解析へと連動させることを目標にしている．

また，米国FDA (Food and Drug Administration) は，Systems Toxicology Projectをスタートさせた．その中でもシステムバイオロジーと臨床データ解析の融合が目標となり，情報基盤としてGaruda PlatformとtranSMARTの連動を想定している．このFDAのプロジェクトは，抗がん剤，特にチロシンキナーゼ阻害剤の心毒性の計算機予測を可

#2

0 からの一言

tranSMART/eTRIKSプロジェクト：Johnson & Johnson社が開発した，臨床データ管理システムをオープンソース化したtranSMARTシステムを基盤に，より高度なデータ管理と解析を可能とするプロジェクトである．

能とするシステムを開発するプロジェクトで，日本からは東京大学附属病院の鈴木洋史教授のチームとわれわれのチームが参加している．日本チームは，JSPSの新学術領域「統合的多階層生体機能学領域の確立とその応用（領域代表：大阪大学 倉智嘉久教授）」10) の成果を発展させ，プロジェクトの中核となるモデリング部分を担っている．このプロジェクトにおいても，単に予測可能な計算モデルを構築することではなく，それを承認プロセスや創薬プロセスに定常的に利用できる基盤としてインフラストラクチャー化することが目的となっている．

　これらのインフラストラクチャーの開発は，研究開発の効率性，オープンイノベーションの促進などに基本的な部分であり，非常に重要である．現在，武田薬品工業社などをはじめ，製薬会社数社がGaruda Platformの導入を開始している．これは情報基盤の重要性が認識されていることの反映であろう．

システムバイオロジーの創薬プロセスへの貢献

　システム的アプローチ，特に，モデリングや計算論的アプローチが創薬プロセスのどのような局面に貢献しうるのであろうか？　狭い意味でのシステムバイオロジーにこだわらず，バイオインフォマティクスも含めた現在の研究成果を総動員すれ

ば，創薬プロセスの幅広い過程で大きな貢献ができると考えている（図1）．実際に，SBIでは創薬プロセスのトータルサポートを業務として委託研究を行っている．その中で，特にシステムバイオロジー的な部分では，大別して「ディスカバリー・フェーズ」と「トランスレーショナル・フェーズ」の2つに大きな可能性があると思われる．

　ディスカバリー・フェーズでは，どの分子を創薬ターゲットとするべきかという研究が主たるものとなる．このために，あらゆるデータや公表されている研究成果なども含めて仮説をつくることになる．同時に，より具体的に成果が見込まれるのがトランスレーショナル・フェーズである．ここでは，以下のことが考えられる．まず，候補化合物とそのバックアップが決まっていて，臨床段階でどの疾病サブタイプを想定して患者のリクルー

図1
創薬プロセスに対する計算・システム論アプローチのサポート

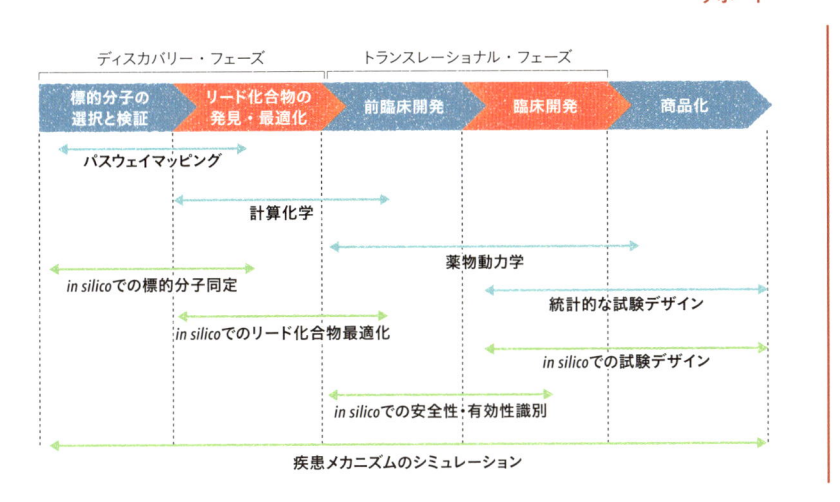

ディスカバリー・フェーズ ／ トランスレーショナル・フェーズ

標的分子の選択と検証 → リード化合物の発見・最適化 → 前臨床開発 → 臨床開発 → 商品化

パスウェイマッピング
計算化学
薬物動力学
統計的な試験デザイン
in silicoでの標的分子同定
in silicoでのリード化合物最適化
in silicoでの試験デザイン
in silicoでの安全性・有効性識別
疾患メカニズムのシミュレーション

第4講　創薬研究への利用〜ある抗がん剤を例に　59

トをするべきかという問題に対する計算予測を行う．さらに，候補化合物と疾病が決まっており，候補化合物を軸とするコンビネーションにおいてパートナーとなる薬として何が適切かを予測するという問題などである．

　ただしこれらのことは，どの疾患や候補化合物でも可能な訳ではない．この段階で利用するシステムバイオロジーの手法は，いわば詰め将棋（エンドゲーム）のようなもので，かなりよく理解されているパスウェイや生物学的プロセスに関わる場合に効果がある．万能ではないことにがっかりする向きもあるだろうが，ほとんどの候補化合物はそれなりに理解されているパスウェイ中の分子をターゲットとしているので，実際には幅広い応用範囲を持っている．現時点では，しっかりしたノウハウを有する研究グループならば，MAPKシグナル伝達系などのいくつかの主要パスウェイに関しては培養細胞系での実験をかなり正確に再現し，その挙動を予測することが可能である．

システムバイオロジーを駆使した創薬の最新事例

　システムバイオロジーは，計算モデルの構築だけがその手法ではないが，やはり計算モデルが象徴的であることは確かである．ここでは，先に少し触れたMerrimack社のMM-121の開発を1つのケーススタディーとして，システムバイオロ

ジーをどのように創薬に利用するのかを議論しよう（図2）#3．

MM-121の源流は，同社のBirgit Schoeberl博士が2002年にNature Biotechnology誌に発表したEGFRパスウェイの計算機モデルに遡る11)．ErbB/HERファミリーに関わるシグナル伝達系の計算機モデルは，当時から多く発表されていた．Schoeberl博士の研究もその流れに沿ったものであり，このシグナル伝達系のモデリングに関する知見の集積は加速度的に進んでいた．その後，ボストンのMerrimack社において，ErbB1，ErbB2，ErbB3，ErbB4，MAPKパスウェイ，PI3Kなども含めた網羅的な大規模モデルが構築された12) 13)．同時に，凍結保存されていた45個の固形がん組織のサンプルから，BTC

#3 **0からの一言**

SBIの事例は，Non Disclosure Agreementの対象となっているので，残念ながら現時点ではご紹介できない．

図2 Merrimack社 MM-121の開発過程の概略

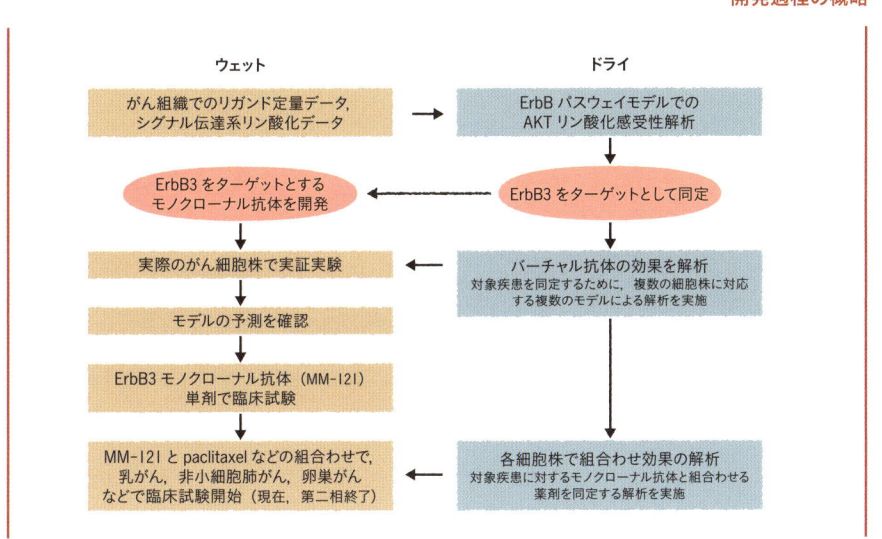

(betacellulin) と HRG1-β が検出され，これらは多くのがん細胞で AKT 経路の活性を誘導するリガンドであることが確認された．これをもとに，BTC と HRG1-β を代表的なリガンドとして捉え，それらの刺激に対して有効なターゲットの同定を目標とした解析が行われた．当初は，NCI-60 がん細胞パネルの ADR_RES（論文中では ADRr と表記されている）卵巣がん細胞を用いて，HRG1-β，BTC, EGF, TGFα, amphiregulin, HB-EGF, epigen, epiregulin などのリガンド刺激に対して，ELISA 法で受容体のリン酸化状態が測定された．さらに，NCI-60 セルラインパネルから，54 セルラインに関して BTC と HRG1-β を刺激とした AKT のリン酸化誘導が測定された．これらの測定では，用量反応関係と時系列データ（つまり，Dose-Time Matrices）が取得された．これらのデータを用いて大規模モデルのチューニングと解析が行われ，その結果，BTC と HRG1-β の両方の刺激下における AKT のリン酸化に関して，ErbB3 が最も感受性が高い分子であることが予測された．つまり，ErbB3 の活性を抑制することが，最も効果的に AKT のリン酸化を抑制することができるということなどが予測されたのである．

次に，Merrimack 社のモデリングチームは，ErbB3 に対するモノクローナル抗体（mAb）の効果をモデル化した．このバーチャル mAb は，ErbB3 に結合し，ErbB3-ErbB1 ならびに ErbB3-

ErbB2 となるヘテロ二量体化をブロックすると同時に，ErbB3 とそのリガンドである HRG1-β との結合を抑制し，さらに ErbB3 のクロスリンキングを促進すると仮定された．さらに，計算モデルは，ErbB1 と ErbB2 が ErbB3 の10倍存在するという設定に修正された．これは，OVCAR8 卵巣がん細胞などで観察されるパターンで，ErbB3 の抑制が効果をあげるのに困難な条件設定としてある．

この計算モデルの結果を受け，ErbB3 と結合し，ErbB3 と HRG1-β の結合をブロックし，BTC による ErbB3 のリン酸化を抑制するモノクローナル抗体がスクリーニングされた．これらの条件を満たす抗体 MM-121 は，ErbB3 に結合するヒト IgG2 抗体である．

次に，MM-121 による実験結果と計算モデルの結果が比較され，非常によく一致することが確認された．さらに，このモデルの受容体の発現量のみを OVCAR8 卵巣がん細胞と DU145 前立腺がん細胞で測定されている値に調整して（他のパラメータは変更しない）計算しても，それら細胞での実験結果とよく一致することが確認された．モデリングチームは，このモデルに，cetuximab，lapatinib，pertuzumab を投与した場合のモデルを構築し，MM-121 とこれらの抗がん剤との効果の違いを計算モデルからも裏付けた．

Merrimack 社は第一相臨床試験を開始し，さ

らにSanofi Oncology社と60億円の着手金，最高470億円のマイルストーン報酬，売り上げに対して二桁パーセンテージと目されるライセンスフィーという契約を交わし，MM-121と他の薬剤との組合わせでいくつかの腫瘍に対する第二相臨床試験を行っている．これらには，進行性の非小細胞肺がん（MM-121とerlotinibの組合わせ），HER2ネガティブの乳がん（MM121とpaclitaxelの組合わせ），大腸がん，非小細胞肺がん，トリプルネガティブ乳がん（MM-121とcetuximab, irinotecanの3剤混合）などが含まれている[14]．

例えばER/PRポジティブ，HER2ネガティブな乳がん患者に関しては，臨床試験の結果，M-121とexemestaneとの併用の場合，exemestane単剤の場合に対して統計的に有意なエンドポイントには到達しなかった．しかし計算モデルからも予測されているバイオマーカーであるheregulinのmRNAレベルが高い患者群に関しては，45％の患者に対してhazard ratio＝0.26（p-value＝0.003）という統計的に有意な結果を示している．MM-121の場合，heregulinをバイオマーカーとした2剤併用戦略が，乳がん，卵巣がん，肺がんで有効性が確認できる展開となりつつある（同社のESMO-2014での発表ポスターより：http://merrimackpharma.com/sites/default/files/documents/2014%20ESMO%20biomarkers.pdf）．

MM-121のような抗体薬や分子標的薬は，コ

ンパニオン診断[#4]が前提となることを考えると，これらの結果には非常に期待できるものがある．MM-121は，計算モデルを利用してターゲットを同定し，さらに他の薬剤との組合わせを前提に臨床試験を進めるというシステム創薬の最先端を行く事例である．Merrimack社は，その他にもMM-111などにおいても薬剤の組合わせの計算機予測から臨床試験を行うなど，システム的アプローチを徹底的に展開している[5]．

　Merrimack社の試みや，他に公開されてはいないが行われているシステム創薬の成功例が増えるに従い，システムバイオロジーの創薬プロセスへの導入は加速するであろう．

#4

0からの一言

コンパニオン診断は，特定の医薬品の効果や副作用の個人差を予測するために不可欠な臨床検査を伴う診断である．

文献・ウェブサイト

1) Henney A & Superti-Furga G：Nature, 455：730-731, 2008
2) 『Challenge and Opportunity on the Critical Path to New Medical Products』FDA Challenges and Opportunities Report, 2004
3) 『Pharma 2020: Virtual R&D － Which path will you take?』PricewaterhouseCoopers, 2007
4) 『Pharma 2020: The vision － Which path will you take?』PricewaterhouseCoopers, 2007
5) IMI Ongoing Projects：http://www.imi.europa.eu/content/ongoing-projects
6) Marti-Solano M, et al：Nat Rev Drug Disccov, 13：239-240, 2014
7) Pistoia Alliance：http://www.pistoiaalliance.org/
8) Ghosh S, et al：Nat Rev Genet, 12：821-832, 2011
9) Garuda Alliance：http://www.garuda-alliance.org/
10) HD Physiology：http://hd-physiology.jp/
11) Schoeberl B, et al：Nat Biotechnol, 20：370-375, 2002
12) Schoeberl B, et al：Conf Proc IEEE Eng Med Biol Soc, 1：53-54, 2006
13) Schoeberl B, et al：Sci Signal, 2：ra31, 2009
14) Clinicaltrials.gov で "MM-121" に該当する試験：http://www.clinicaltrials.gov/ct2/results?term=MM-121&Search=Search
15) Kirouac DC, et al：Sci Signal, 6：ra68, 2013

第4講 | まとめ

| 欧米の大手製薬企業やアカデミアを中心に，創薬プロセスへのシステムバイオロジーの導入が加速している

| Garuda Alliance をはじめ，システム創薬のためのインフラストラクチャー整備が進んでいる

| Merrimack 社の抗がん剤 MM-121 は，システムバイオロジーを駆使した創薬の好例である

第5講
役立つモデルを
つくるのに必要なこと

　前講まで抽象モデル（オープニングゲーム・シナリオ）を使った事例と精密モデルを使った事例（エンドゲーム・シナリオ）を見てきた．詳細モデルに対しては，いくら詳細なモデルを作成しても実際のパラメータを実験的に決定したりすることはできないのではないかという議論がよくなされる．逆に，抽象モデルに対しては，モデルが抽象的すぎるが故にどのようなデータにもフィットさせることができるので，意味がないのではないかとい

う議論がある．本講では，モデルをつくるとはどういうことなのか，どうしたら有用なモデルをつくり，生物学的に意味のある示唆を得ることができるのかを考えていきたい．

モデルに潜む不確かさの根源には，「モデル・リスク」と「パラメータ・リスク」がある

モデルを使った研究では，モデルに基づく予測の精度や内在的問題点をしっかり認識し，管理していくことが重要となる．数理モデルは，色々な分野で幅広く利用されている手法であり，システムバイオロジーや計算生物学以外の分野から学ぶことは大きい．ここでは数理ファイナンスの分野で使われている，モデル・リスクという概念を導入しよう．モデル・リスクとは，「モデルの予測と実際の現象が乖離するリスク」である#1．どのようなモデルも，対象の構造や挙動を完全に再現することはできないので，リスクは内在的である．問題は，その根源を理解し，必要な目的に対してリスクを低減することができるかにある．

数理ファイナンスの分野におけるモデル・リスクの問題は，大きくは2つの要因から発生する[2]．1つは，構造不確定性（structural uncertainty）で，モデルの構造自体の精密さや正確さが足りないことで精度ある予測ができないリスクをいう．もう1つは，パラメータ不確定性（parameter uncertainty）で，モデルの構造的精度は高いが，

#1　0からの一言

実際の数理ファイナンスでは，リスク計測モデルの場合には，「モデルが将来の損失に関して間違った予測を行うリスク」と考えられる[1]．

第5講　役立つモデルをつくるのに必要なこと　　69

そのパラメータ設定の不適切さによって精度の高い予測ができないリスクをさす．前者を「モデル・リスク（model risk）」，後者を「推定リスク（estimation risk）」と呼ぶ場合もある[3]．「モデル・リスク」との対比で考えると「推定リスク」は「パラメータ・リスク」と呼ぶ方が適切である．さらに，「単純なモデルを利用した場合に，モデル化対象の重要な特徴を見逃してしまうモデル・リスク」と，「より精密であるが非常に多くのパラメータの最適化が必要なモデルにおいて，適切なパラメータ推定ができないパラメータ・リスク」には，トレードオフが存在することが指摘されている[3][4]．この場合のパラメータには，各変数の係数だけではなく，確率分布の種類やその各種係数もが含まれる．

　これは，ロバスト制御理論でも同様である．ロバスト制御理論では，システムの不確かさは，非構造的不確かさ（unstructured uncertainty）と構造的不確かさ（structured uncertainty）に分けられる．ただし，ロバスト制御理論では，システムを制御するという目的で理論が構築されているので，モデル化に関する以下の問題点も認識されている：
①制御対象の複雑さ，パラメータの多さなどからそのふるまいに未知のものがある，
②制御対象の置かれる環境に依存したふるまいが引き起こされ，それは予知・記述しえない，
③高次の非線形性により数理解析が困難である，

④仮に上記の問題を克服するモデルを構築することができても，そのモデルはあまりに複雑になり，制御機構の設計の際には大幅な簡略化をせざるをえない．

特に最後の部分は，制御工学が，予測だけではなくシステム制御も行う必要性から来る問題点である．

　第3講と第4講でそれぞれ議論した抽象モデルと精密モデルでのアプローチは，研究対象に関するわれわれの知識の蓄積度合いと，何を知りたいかというscientific questionによって，どちらのアプローチを選択するかを決定するべきである．対象が複雑で，分からないことが多い場合には，抽象的でシンプルなモデルを使った方がよいとする議論は多い．確かに，第3講で紹介した細胞老化の事例はまさにその通りである．しかし，単純化されたモデルは，その単純化の過程で非常に多くの前提を設定しているから単純化されるのであり，適応範囲が狭くなっているという側面も理解するべきである．

　例えば，創薬などの応用という側面から考えると，単純化されたモデルでは，具体的な創薬ターゲットやバイオマーカーを数理モデルでの解析から推定することは容易ではなく，その過程に多くの恣意的な解釈が入り込む危険がある．この場合には，精密モデルを効果的に構築し利用する方法論の確立が極めて重要であろう．すなわちここで

議論した，モデル・リスクと推定リスクをどのように低減するかを意識して研究を進める必要がある．

高精度マップの構築には"ディープ・キュレーション"が必要

　第4講で紹介したMerrimack社のケースは，非常に詳細なシグナル伝達系のモデルを利用した創薬の例であった．あのレベルの精度を達成するには，計算モデルを構築する研究者の生物現象に関する造詣の深さと，計算モデルに対する理解度が重要である．同時に，作成されるモデル自体が極めて詳細であることも重要である．われわれがディープ・キュレーション（deep curation）と呼んでいる詳細モデル構築手法は，対象となるパスウェイに関する論文やデータベースなどを徹底的に調べ，可能な限り詳細な分子相互作用マップを構築するというものであり，大規模知識統合である．各々のタンパク質のリン酸化状態など，分子間相互作用機構に関するディテールが記述される．例えば，われわれがCellDesignerを用いてDeep Curationの手法で構築したTLRやmTORパスウェイのマップは，各々1,500本の論文を読み込むことで構築された[5] [6]．

　われわれは，分子間相互作用や遺伝子制御ネットワークを記述したものを「マップ」と呼び，シミュレーションや数値解析ができるものを「モデ

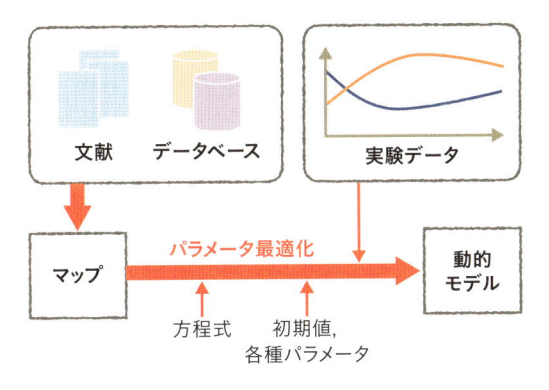

図1
マップ作成から
モデル構築までの
プロセスの概念図

ル」と呼んで区別している(図1).マップは文字通り地図であり,生命現象に関わる分子の相互作用などがどのようになっているのかを俯瞰的に示したものである.多くの地図がそうであるように,特定の目的に沿って記述されている.逆に,その目的に必要のない情報はそのマップには記述されない.また,マップ自体は相互作用を静的に記述しているので,各々の分子の時間的な変化などは記述されない.このような変化は,データやシミュレーション結果をマップ上に投影することで表現される.つまり,マップは道路地図のようなものであり,道路地図自体には,動いている車や渋滞の情報は記述されていない.それらの情報は,地図上に動的に投射されることで動的可視化が達成される.

　一般に利用されるパスウェイデータベースは,おおよその関連分子の理解を助けるには有用だが,精密モデルに利用できる網羅度と精度には達していない[7].これは,広範に色々な種の多くのパス

ウェイを記述する必要から，多くのスタッフの分担作業となり各々のパスウェイの品質に関してどうしても手薄になるためである．多くの研究では目的と対象範囲が定まっているので，より精度の高いマップが構築可能であり，理想的にはそれを実現するべきであろう．

　大規模データから遺伝子制御や分子間相互作用を推定する手法も開発されているが，精密モデルに利用できるだけの精度には達していないのが現実である．われわれは，ベイズ推定や情報エントロピーを利用した方法など，出版されている遺伝子ネットワーク推定アルゴリズムのほとんどを実際に実装したうえで評価を行い，さらに，それらを同時に推論実行させ，それらの推論結果から遺伝子制御ネットワークをより高精度に推論する手法の開発に取り組んでいる[8]．しかしながら，遺伝子発現データからの遺伝子制御ネットワークの推定は，因果関係ではなく相関関係を抽出することが基盤となっている方法論であり，その精度には限界が存在する．

　結局のところ，高精度なマップやモデルを構築するには，各々の分子間相互作用にフォーカスした研究成果を着実に読み解いてまとめていく以外に有効な方法は存在しない．マニュアルでマップをつくる際に懸念される問題点としては，多くの研究者が研究するような分子や相互作用に偏るのではないか（文献バイアス），矛盾する情報をどう

記述するのか，という点などがある．文献バイアスに関しては，論文の数量的な違いはあるが，いわゆるマイナーな分子などに関しても研究している人は存在するので，意外と網羅的になる感触である．しかし当然，報告の数が少ないので，信頼度や詳細レベルは低くなる．矛盾した情報をどう扱うかに関しては，一定のプロトコルに従ってすべてを記載することになる #2．そのうえでどちらの情報を利用するかは，利用する段階での判断となる．作成されたマップの信頼度は，今後，マップの利用が広がるに従ってより重要な問題になると思われる．大規模マップの継続的アップデートや品質管理の研究はこれから重要になるであろう．

0 からの一言 #2

これには，検証実験の手法による信頼度，論文の数，データベースへの登録状況などの尺度を定義した．

マップを構築することで"分からないこと"が分かる

よく指摘されることに，このマップは，既存の論文からの情報があるだけで，新しい発見は入っていないということがある．新規の発見がないというのはその通りであるが，そもそも目的が違う．新規の相互作用の発見は，個別の研究や大規模データからの推定などのアプローチを使うことが必要で，文献からのアプローチに期待するアウトプットではない．2つのアプローチを相互補完的に利用することで，初めてそのような発見が得られるのである．

では，既知の知識の集約であるマップに意味が

ないかというと，そうではない．このマップ開発は，単に既知の知識を寄せ集めているだけではない．大域的なネットワーク構造や複数の分子やパスウェイをまたがる制御構造など，既知の知識を体系的に集約することで初めて見えてくるものがある．さらに，このような詳細かつ精密に定義されたマップ開発を行うと，分かっていると思っていたことが実は分かっていない，つまり明確に記述できないということに直面するケースが多くある．また，何が分かっていないか自体が明確でない場合や，そもそも意識されていなかったが，改めて，何が分からないのかが明確になることもある．これらが明示的に浮かび上がるということも重要なプロセスである（コラムも参照）．また，どれだけ正確で網羅的なマップがつくれるかは，モデル・リスクに直結する部分である．同時に，このマップが，完全な精度と網羅度を持つことはなく，長い年月の検証と情報の蓄積をもって，精度と網羅度の向上を目指すことになる．しかし，不完全だからといって使わなければ，分子間相互作用を俯瞰した研究はできない．

　また，これらのマップは細胞の種類ごとの区別はあるのかという質問もよく受ける．これはそのマップの用途次第である．細胞の種類などは関係なく，そのネットワークの全貌を記述しようという場合には，細胞の種類に関係なくすべての情報を詰め込むであろうが，具体的な生命現象の理解

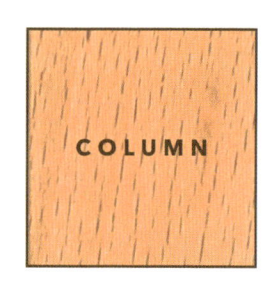

COLUMN

軍事作戦にみる研究との共通項

何が分からないのかが明確になることは，重要なプロセスである．これに関しては，ラムズフェルド国防長官の有名な言葉がある．"Reports that say that something hasn't happened are always interesting to me, because as we know, there are known knowns; there are things we know that we know. There are known unknowns; that is to say, there are things that we now know we don't know. But there are also unknown unknowns – there are things we do not know we don't know." これはイラク戦争時の記者会見で，苦し紛れに発した言葉であるが，生物学の研究も，混乱をきわめる軍事作戦同様，多くの不明確さや未知の課題を含みながら進めていく活動である．その意味では，"Known Known" だと思っていたことが "Known Unknown" と再定義されたり，"Unknown Unknown" を "Known Unknown" と明確に位置づけることができるのは，重要なプロセスである．

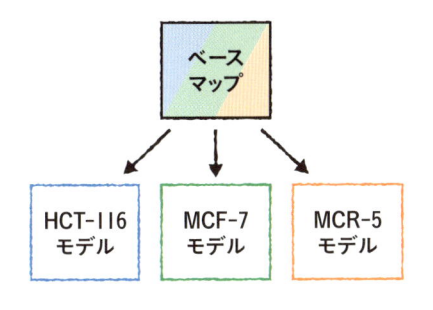

図2 ベースマップから個別細胞のマップを構築する

に利用する際には，対象となる細胞に特化したマップをつくることになる．そしてそこから，個別細胞の動態を再現する計算モデルへと展開する．例えば，われわれのがんに対する分子標的薬のシステム創薬プロセスでは，単に抽象的ながん細胞モデルというものは存在せず，すべての情報を詰め込んだベースマップを出発点として，MCF-7モデルやHCT-116モデルなど，スクリーニングに使われる細胞株に対応したモデルを開発し，バーチャル・セルライン・ライブラリーを構築する (図2)．これが実現して，初めて創薬プロセスのインシリコ・サポートが可能となる．

大規模計算が動的モデルにおけるパラメータ推定を可能にする

　大規模マップを用いて各種のネットワーク解析を行えることを解説したが，ここからは，その次のプロセスである構築された分子間相互作用マップからの数値解析に話を進める．これには，時系列の動態をシミュレーションするアプローチやバ

#3

0からの一言

バイファケーション分析（分岐解析）は，システムの状態が，ある状態から別の状態に移行する際の分岐がどのような条件で起きるのかなどを相空間上で解析する手法．理論的には，サドル・ノード分岐，ホップ分岐，ピッチフォーク分岐などいくつかの種類があり，さらに，スーパークリティカルとサブクリティカルの種類に細分化される．これらの分岐のダイナミクスは，カオス・力学系理論で詳細に調べられている．

イファケーション分析 [#3] などシステムの状態遷移ポイントを同定する手法を含めいくつかの手法があり，一般には，組合わせて利用される．

ここでの問題は，パラメータ推定である．特に，多くのパラメータが存在するモデルにおいて，適切なパラメータセットを決定することは困難な課題であり，それが大規模モデルを避け抽象モデルを選好する大きな理由の1つであった．しかし最近では，大規模計算を利用して，大規模モデルにおいてもパラメータ最適化が可能な手法が出現し始め，この状況は大きく変化しつつある．例えば，クラスターニュートン法（CNM）は，その1つの例である[9) 10)]．CNMは，非常に多くのシミュレーションを多様なパラメータセットでくり返し，モデル・キャリブレーションのプロセスで与えられる，正解とされる実験データに比較的近いシミュレーション結果を出したパラメータセットの集合をクラスター分析することで，重要なパラメータ群の設定値範囲を決定していくという手法である．この手法には，非常に多くのシミュレーションおよび大きな計算リソースが必要となる．数年前ならば，この手法は現実的ではなかったと思われる．しかし，安価で極めて高性能な計算機が購入でき，さらにはクラウドサービスの利用も可能となった現時点では，非常に有用な手法となってきたのである．CNMにもやはり弱点はあり，さらに研究が継続されるべき分野であるが，一定レベルの実

用性を有する手法の登場は，今後の研究を加速させる．

> **なぜ生化学的な実験により
> パラメータを決定しないのか？**

さて，ここで想定しているパラメータ推定は，時系列データをもとに，モデルがその挙動を再現できるパラメータセットを決定することをいう．モデルのパラメータを設定するという場合，多くの人は，分子間作用における反応定数を生化学的実験の結果から決定するのが最適であり，パラメータ推定は望ましくないと感じているであろう．私も当初は，そのように感じていた1人である．しかし現在では，例外を除き，パラメータ推定を行う方法が必須であると感じている．

その理由は，2つある．1つは，生化学的相互作用とモデルにおける相互作用が，厳密に対応している訳ではないということにある．例えば，分子AとBの相互作用定数といった場合，生化学的な定数の意味は明らかである．しかしモデルでは，そのモデルのコンテクストとなるいくつの仮定を含めての相互作用定数となっている（図3A）．これ

図3
モデルでの
「相互作用」と
実際の相互作用の
違い

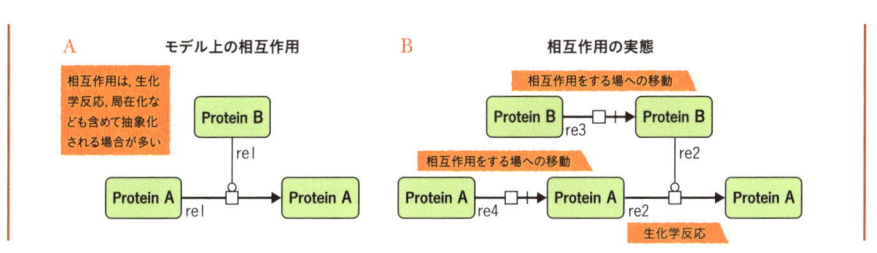

第5講　役立つモデルをつくるのに必要なこと　79

はモデルの抽象化の度合いに依存するが，例えば，生化学的な相互作用定数に加え，その相互作用の場に分子AとBが移動する割合，相互作用活性が生じる立体構造に遷移する確率などが含まれたうえでの「相互作用定数」として扱わなければならない場合がある（図3B）．

　もちろん，モデルにおいてこれらのプロセスも明示的に記述した場合には，生化学的な意味での相互作用定数とモデルでの相互作用定数が一致する場合もある．しかしその場合，モデルの構造がきわめて複雑になり，場合によっては不確定なモデルの微細構造を不必要に設定することになり，必ずしも得策ではない．結局，モデルにおける相互作用定数は，生化学における相互作用定数とは等価ではないことがほとんどである．もちろん，モデルでの相互作用定数によく対応する設定で実験し「相互作用定数」を測定した場合，その値を使うことは可能であるが，そのような実験は一般的ではなく，当面はパラメータ推定をする必要がある．

　もう1つの理由は，生化学実験において決定された値が，必ずしも細胞内で起きている反応過程での相互作用定数を表していないということにある．細胞内の反応の場（*in vivo*）には，多くの場合，非常に複雑かつ大量の分子が存在しており，いわゆるmolecular crowdingな場所である．ここでは，少なくともメゾスコピック物理が支配する世界で

あり，自由な分子運動が可能な*in vitro*での測定とは大きく違う反応速度になる．ただし，細胞内での相互作用を直接可視化するFRETなどを使った測定値の場合は，それをパラメータとしてそのまま利用できる可能性がある[#4]．最近，ライブセルイメージングが発達してきたことは，モデルに利用するパラメータがより正確な形で入手できるということで，非常に歓迎できる状況である．しかし，現時点ではライブセルイメージングなどで直接のパラメータを決定できるのは限られた相互作用であり，多くの場合は，パラメータ推定を行う必要がある．

#4
∅ からの一言

著者自身も，モデルのパラメータ決定のためにFRETを利用したことがある[11]．

文献

1) Knight HO：Ann Surg, 74：697-699, 1921
2) Garlappi L, et al：Rev Financ Stud, 20：41-81, 2007
3) Bruder SP, et al：J Bone Miner Res, 13：655-663, 1998
4) Amenc N & Martellini L：J Altern Invest, 5：7-20, 2002
5) Oda K & Kitano H：Mol Syst Biol, 2：2006.0015, 2006
6) Caron E, et al：Mol Syst Biol, 6：453, 2010
7) Bauer-Mehren A, et al：Mol Syst Biol, 5：290, 2009
8) Hase T, et al：PLoS Comput Biol, 9：e1003361, 2013
9) Aoki Y, et al：NII Technical Report, NII-2011-002E, 2011
10) Yoshida K, et al：BMC Syst Biol, 7：S3, 2013
11) Yi TM, et al：Proc Natl Acad Sci U S A, 100：10764-10769, 2003

第5講 | まとめ

> 分子間相互作用や
> 遺伝子制御ネットワークを
> 記述したものを「マップ」と呼ぶ

> マップをもとに,
> シミュレーションや数値解析が
> できるようにしたものを
> 「モデル」と呼ぶ

> モデルに必要なパラメータは,
> 生化学的実験だけでなく
> 計算機による推定が必要である

第6講
モデル構築における
ロバストネスと
ノイズ・揺らぎ

　前講では，計算モデルの構築に関する方法論や課題に関して議論した．本講ではロバストネスの予測と測定に基づいて高精度モデルを構築する方法について紹介する．

ある細胞周期モデルがはらむ問題

　動的モデルの構築法で利用される実験データは，主要なタンパク質のリン酸化データや発現量など

の時系列・定量データであることが多い．その際に，野生型といくつかの遺伝子に関する単一遺伝子ノックアウトを利用したデータがよく使われる．つまり，野生型データでモデルのパラメータを決定し，そのパラメータを基盤に，例えば1つの遺伝子の発現をゼロにするなどの擾乱を加えてシミュレーションを行う．この結果を，単一遺伝子ノックアウトでの実験結果と比較するなどして，精度を確認するのである．

　このような方法で作成されたモデルの1つにJohn Tysonラボの Chen らが開発した出芽酵母の細胞周期モデルがある[1]．このモデルは，出芽酵母の分子間相互作用を基盤に細胞周期の計算モデルを構築したものであり，120以上の単一遺伝子ノックアウト株の細胞周期の挙動を再現するとされている．しかし，実際の疾病や創薬でポイントになるのは，ある遺伝子が機能欠損の場合以外にも量的に過剰や過小になることで，問題が発生したり，逆に問題が解決したりする場合が多いことである．

　そこでわれわれは，このモデルに対してタンパク質が量的に変動した場合にどのように挙動するかをシミュレーションと実験で確認した．シミュレーションは，遺伝子過剰発現を想定してみることにした．実験は，筆者が総括したERATO-SORSTプロジェクトのメンバーであり，現・岡山大学の守屋央朗准教授の開発したgTOW

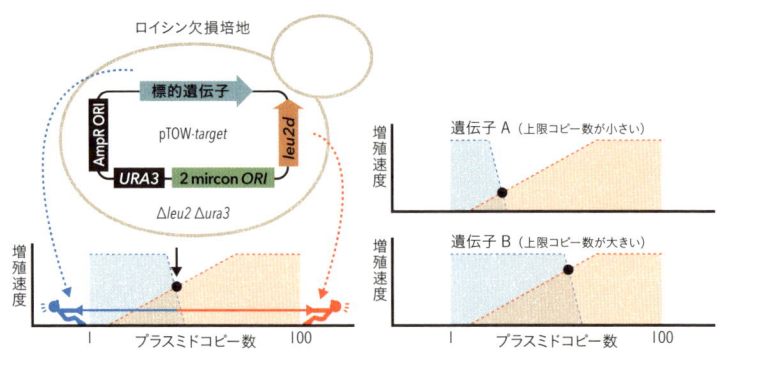

図1
網羅的ロバストネスの測定手法としてのgTOW法

gTOW法は，遺伝子の過剰発現の上限値を網羅的に測定する手法であり，当時ERATO-SORSTプロジェクトの研究員であった守屋央朗博士によって発明された（コラム参照）．gTOW法では，ロイシン欠損株にロイシン遺伝子を組み込んだプラスミドを導入し，これをロイシン欠損培地で培養する．この場合，適正なロイシンレベルに達するプラスミドコピー数まで，プラスミドの複製が起きる（図中赤色の"綱引き"）．これは，おおよそ120コピー程度である．一方，プラスミド上に過剰発現による影響を観察したい遺伝子を組み込むと，プラスミドの増殖に伴い，この遺伝子のコピー数も増えることになり，過剰発現が引き起こされる．この際に，プラスミドに導入されている遺伝子が細胞の増殖に不利に働いている場合には，コピー数が大きくなった細胞は増殖ができなくなり，結果として，生き延びている細胞のプラスミドのコピー数が低いレベルで抑えられる（図中青色の"綱引き"）．これらが釣り合っているレベルが，各々の遺伝子の過剰発現の上限と考えられる．gTOW法の詳細は，開発者の守屋が管理しているウェブサイト（http://tenure5.vbl.okayama-u.ac.jp/~hisaom/）の記述を参照されたい．

（Genetic Tug-of-War：遺伝子綱引き）法を利用して行った（図1）2)3)．シミュレーションと実験結果を比較した結果が，図2Aである．

シミュレーションと実験結果との乖離は，あらかじめ想定されていたが，その中身に衝撃を受けた．この図から分かることは，計算モデルは，一貫して実際の出芽酵母より遺伝子過剰発現に対して脆弱であるという結果となっていることである．これは，計算モデルで薬剤の効果があると予測してもそれが実際には観察されない，副作用があると予測しても実際にはそれが出ないということが頻繁に起きることを意味している．これは，きわめて深刻な事態である．そこで，われわれはこの原因を探求することにした4)．

シミュレーションと実験の差はどこに起因するのか

計算モデルと実験で大きな乖離があるなかで，最も大きな差を示した*ESP1*を取り上げる．計算

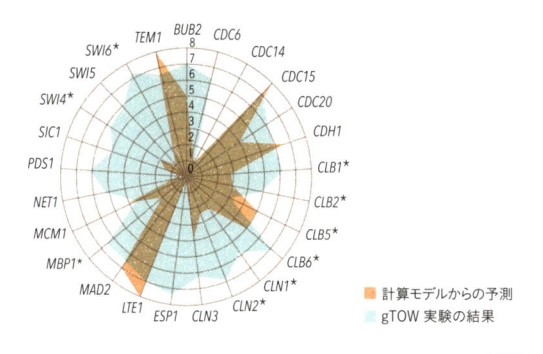

**図2
遺伝子過剰発現の
上限値の比較**

オレンジがChenらの計算モデル，ブルーがgTOW実験結果，軸はLogスケールであることに注意（文献2より引用）．

モデルにおいて，出芽酵母の細胞周期は*ESP1*の過剰発現，すなわちその産物であるEsp1の過剰に対しては非常に脆弱であるが，gTOW実験では逆に，過剰発現に対してロバストネスが観察される．そこで，*ESP1*の産物であるEsp1タンパク質の相互作用を調べるとPds1と相互作用をしている．この結合の様式はストイキメトリック（1対1の）結合であり，Esp1とPds1の量的バランスが重要となる（図3A）．Esp1の過剰は染色体分離異常を引き起こし，細胞周期を停止する．この時に，Esp1とPds1の量が同時に増大していれば，バランスが崩れないので細胞周期停止には至らない．

一方，計算モデルでも実験でも脆弱性を示しているCdc14に着目する．Cdc14はNet1とストイキメトリック結合を行い，その過剰は，増殖停止

**図3
ストイキメトリック
結合を
示す2つのペア**

A）Esp1の活性化は，Pds1とのストイキメトリック結合で制御されている．B）Cdc14の活性化も同様に，Net1とのストイキメトリック結合で制御されている（文献4より引用）．

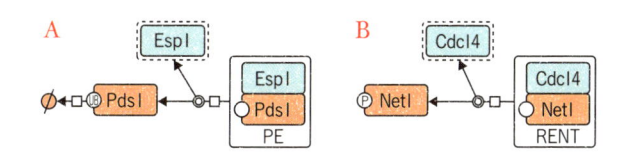

第6講　モデル構築におけるロバストネスとノイズ・揺らぎ　|　**87**

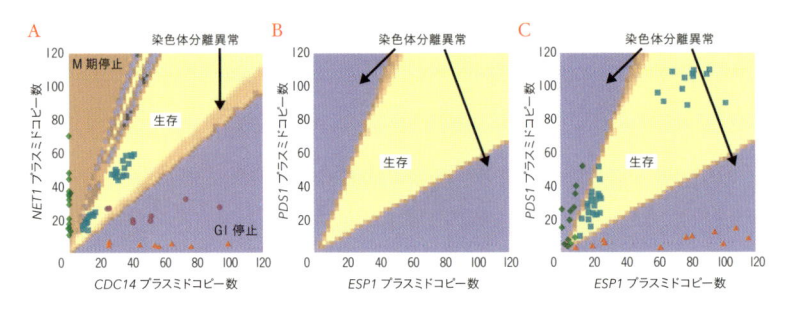

**図4
計算モデルと
実験結果の比較**

文献4の図を，計算モデルと実験結果をオーバーレイさせ，軸の長さを合わせるために，プラスミドコピー数の上限を120としてトリミングしてある．Aは，*CDC14*と*NET1*のペアに対する計算予測と実験結果．Bは，*ESP1*と*PDS1*のペアに対する計算予測．Cは，*ESP1*と*PDS1*の不均衡に対して脆弱性を示す*cdh1*Δ株での実験データをBで示した計算予測上にマップした図．詳細は，文献4を参照されたい．

に至る(図3B)．ここでの疑問は，同様に細胞周期に重要な分子であり，同様なストイキメトリック結合による活性制御が行われているCdc14-Net1ペアとEsp1-Pds1ペアの量的バランスの変動に対して，出芽酵母細胞周期のロバストネスが大きく違うのは何に起因するかということである．

ここで明らかなのは，実験結果との乖離は，モデルのパラメータ設定かモデルの構造のいずれかに問題があるということである．そこでわれわれは，Cdc14-Net1ペアとEsp1-Pds1ペアに関して量的バランスを変化させた時に，何が起きるかのパラメータスキャンを行った．その結果，パラメータの変化では，問題となる脆弱性を解消できないことを確認した(図4)．

図4Aは，*CDC14*と*NET1*の発現量の比と対応する細胞状態を示している．黄色の領域が，計算モデルによって細胞増殖が行われる領域．赤の領域はM期停止となり，青の領域はG1停止となる．プロットされている点は，gTOW実験結果である．黄色の領域にある点は，*NET1*と

*CDC14*の両方にgTOWプラスミドを導入した場合で，増殖している出芽酵母におけるプラスミドコピー数の比率（過剰発現の比率）を示しており，計算モデルにおいて増殖可能とされる領域に収まっている．さらに，片方のプラスミドを単にベクターとした場合の結果を加えている．縦軸方向を見ると，Cdc14のコピー数が増えていないことが分かる（◆：Net1 gTOWプラスミドがベクターとなっている）．これは，出芽酵母細胞周期が，Cdc14単独の過剰に極めて脆弱なことを示している．同時に，横軸方向はNet1のコピー数も増えないことを示しており（▲：*CDC14* gTOWプラスミドがベクターとなっている），Cdc14とNet1の量的均衡が非常に重要であることが分かる．

図4Bは，*ESP1*と*PDS1*の過剰発現に関する計算モデルによる増殖可能範囲（黄色）を示している．gTOW実験の結果は，*ESP1*は単独で120コピー以上まで増えることが可能であり，計算モデルにおいて本来は細胞周期が停止する領域（青色）に問題なく増殖することが示された．これは，計算モデルと一致しない．さらに，計算モデルにおける正常と細胞周期停止の境界は直線的であり，120コピー以上の過剰発現の領域まで一致が見られない．これは，個別のパラメータ領域の問題ではないことが示唆される．つまり第5講で論じたパラメータ・リスクではないことが分かったのである．

COLUMN

投資家目線で，リソースの集中投入

守屋さんがgTOWのアイデアをもってきた時のことは鮮明に覚えている．ロバストネスを1つの中心概念で研究を始めていたERATO-SORSTプロジェクトに加わって2カ月ぐらいした時に，私のいた部屋の入り口でgTOWの発想を語り始めた．その意義を理解するのに，彼の説明を最後まで聞く必要はなかった．即座に全力で取りかかるように指示して，プロジェクトのリソースを集中投入した．その後，守屋さんはさきがけの資金も得て，ゲノムワイドのアッセイセットgTOW6000を完成させるなど，研究を発展させている．計算とソフトウエアが主体のプロジェクトから，新規の実験系を開発できたことは非常に有意義なことだと思っている．特にこれは，ロバストネスという理論概念を検証することを目的としたある意味で次世代アッセイ系であり，時間とともにその重要性が認識されると考えている．あの時，一気に人・物・金を集中投入したのは成功だったと思っている．

そうなると疑うべきは，モデルの構造である．つまり，モデル・リスクが顕在化したのである．このシミュレーションに利用されているモデルは，120近くのノックアウト実験の結果を再現することに関わる相互作用については組み込まれているが，すべての相互作用を組み込んである訳でもない．さらに，このモデルは2000年に提唱されているので，2000年以降に発見されている相互作用は反映されていないと考えるべきである．また，実際の出芽酵母で脆弱性が観察されないのは，Esp1-Pds1との相互作用において，$ESP1$の過剰発現が起きても活性型Esp1の量が抑えられるメカニズムが存在するということを示唆している．ということは，このメカニズムを担う遺伝子をノックアウトすれば，出芽酵母は$ESP1$の過剰発現に対して脆弱になると考えられる．

ロバストネスを担う隠れた因子を探し出す

　そこでわれわれは，細胞周期に関する遺伝子の単一遺伝子ノックアウト株に対してgTOW実験を行い，$ESP1$過剰発現に対して脆弱性を示す株が存在するかを調べた．その結果，$cdh1$と$clb2$のノックアウト株が脆弱性を示すことが判明した（図5）．さらに，これらの株は$PDS1$の過剰発現を行うと，ある程度まで脆弱性が回復することも確認した（文献3のFig 4Cを参照）．このときの脆

弱性は，計算モデルとよく一致する．例えば，図4Cは，$cdh1\Delta$ 株に対する2D-gTOW実験の結果である．図4Bと同様に，黄色の領域が計算モデル上出芽酵母が増殖できる領域．■のプロットは，$ESP1$ を組み込んだgTOWプラスミドと $PDS1$ を組み込んだgTOWプラスミドの両方を導入した出芽酵母の場合．計算モデルで予測された黄色の領域に分布している．◆は，$PDS1$ 組み込みgTOWプラスミドを単にベクターとした場合で，$ESP1$ のコピー数が，10コピー程度が上限と厳しく制限されていることが分かる．しかし，$ESP1$ と $PDS1$ を各々gTOWプラスミドに組み込んだ2D-gTOWでは，計算モデル予測された増殖可能領域（黄色の領域）で均衡している（■のデータポイント群）．横軸方向の▲の実験結果は，$PDS1$ のコピー数が $ESP1$ のコピー数に対して大きく増えることは制限されることを示している．

これらの結果から，Esp1とPds1の相互作用に $cdh1$ や $clb2$ がロバストネスを確保する方向で関与していることが推定される．そこで，その具体的な分子機構の検討を行う．まず始めに，Clb2

図5
単一遺伝子破壊と gTOW 実験の 組合わせの結果

cdh1 Δ と clb2 Δ の場合に，最大コピー数が大幅に減少し，ロバストネスの低下が見られる．

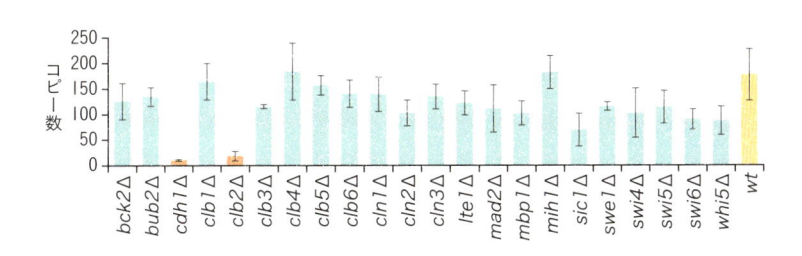

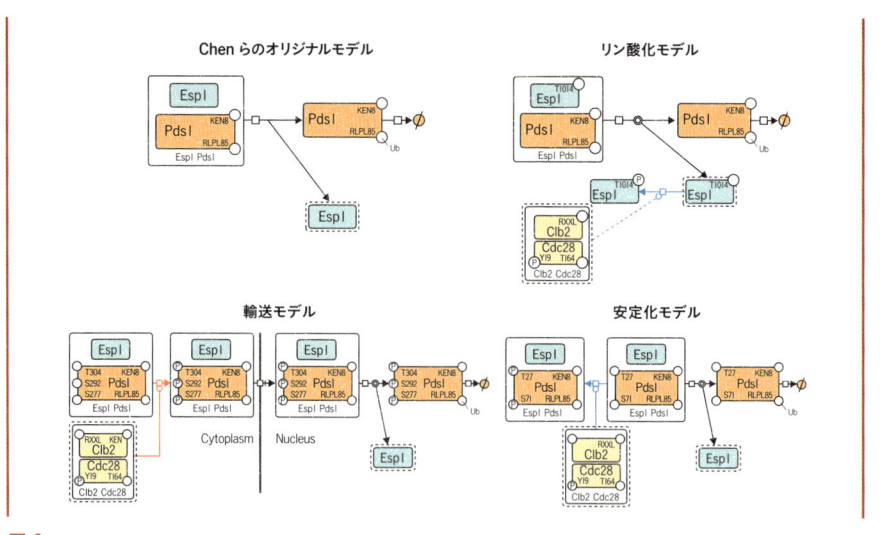

図6
Chenのモデルでの
Esp1-Pds1相互作用と
今回の拡張で考慮した
相互作用

との相互作用を検討する．かねてより開発していた出芽酵母の細胞周期に関する網羅的分子間相互作用マップ[5]を検索したところ，Esp1，Pds1，Clb2間の相互作用でモデルに組み込まれていないものは，Clb2とCdc28複合体（B-type CDK）によるEsp1リン酸化[6]，細胞質内トランスポート[7]，Pds1のリン酸化による安定化[8]の3つであった．

そこで，これらの相互作用のどれがロバストネスに寄与しているのかをモデルで確認することとした（図6）．オリジナルのモデルに各々の相互作用を組み込み，Esp1の仮想的過剰発現を行いその挙動を検証した．その結果，B-type CDKによるPds1のリン酸化によりPds1の分解が一時的に妨げられる（安定化する）という相互作用を組み込んだ時（図6右下）に，実験結果を再現することが確認

図7
修正されたモデルの
ロバストネス・
プロファイル
(未発表データ)

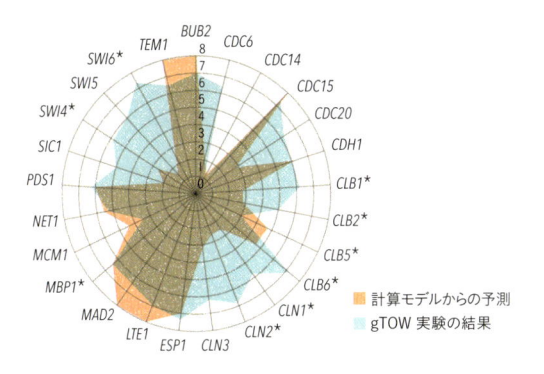

された．さらに，Pds1の量がEsp1に対して十分大きいことが必要条件であることも推定された．**図7**に，これらの修正を加えた計算モデルのロバストネス・プロファイルを示す．オリジナルのモデルに対して大幅に改善されていることが分かる．

ロバストネス・プロファイルがモデル構築の鍵となる

ここで議論するべきは，なぜこのようなモデルと実験の相違が起きたかということである．もちろん，モデル開発をしていた時点で，これらの相互作用の報告がなされていなかったという点はある．同時に，モデルが遺伝子ノックアウト実験の結果をもとに開発されていたという点も見逃せない．例えば，Pds1もEsp1も単純なノックアウトは致死性であるので，温度感受性変異を使った実験などを設計しないと，この過剰発現に対する脆弱性は見逃す可能性が高い．さらに，Clb2欠損株であっても，Esp1とPds1のバランスが保たれ

第6講　モデル構築におけるロバストネスとノイズ・揺らぎ

ていれば異常は観察されない．この脆弱性の問題が現れるには，Clb2欠損でなおかつEsp1が過剰発現という2つの条件が重なる必要がある．つまり，ここで見られるようなロバストネス補償機構をモデル化するには，遺伝子欠損データのみでは不十分であり，複合的な擾乱を加える実験を周到に計画する必要がある．

　創薬や生体のストレス応答など多くの研究課題では，単純に遺伝子が機能欠損するのではなく，量的な変動が複合的に起きることに対して，どのように生体が応答するかを予測できる必要がある．そのためには，対象となるシステムのロバストネスを制御する分子機構をモデルに組み込み，ロバストネス・プロファイルを再現することが必要である．従来は，時系列データとの整合性をとることに主眼を置いてモデルの精度を検証していた．今後は，これに加えて，ロバストネス・プロファイルの整合性を確認することが要求されるであろう．そのためには，ロバストネスを効率的に測定する実験系が必要となる．出芽酵母と分裂酵母に関しては過剰発現の上限値に対するgTOW系が確立し，さらに守屋らにより，遺伝子発現が過小になる場合の限界値の測定法も開発された[9]．哺乳動物細胞ではgTOW法または同等な手法が未だ開発されていない．今後は，哺乳動物細胞でのロバストネス測定系の開発が望まれる．

ノイズや揺らぎはモデル構築の障壁となるか

　高精度モデルを構築する際のもう1つの問題は，ノイズや揺らぎの問題である．実験データには，多くのノイズと揺らぎが入っている．これは，個体差，実験条件の揺らぎ，分子運動などによる内在的揺らぎ，測定過程でのノイズや系統誤差などいくつかの要因による複合的なものである．計算モデルに限らず，データ処理を前提に実験をする場合，このノイズ解析は非常に重要になる．よく実験系の研究者に，「ノイズや揺らぎが多いのでモデルはつくれないですよ」と言われることがあるのだが，実際にはノイズや揺らぎを前提としたモデルをつくることは可能である．もちろんその場合は，ノイズのない系のモデルに比べ，精度においての制約や取得するべきデータの種類と量に対する要求が変わってくる．

　工学システムにおいても，ノイズ，揺らぎ，誤差などはつきまとう．そして，これらの問題点を克服する制御やデータ処理の方法も数多く編み出されている．ただし，生物実験におけるノイズや揺らぎの分布やその発生源などが工学システムと同等のレベルで議論できるようになるには，研究がより進む必要がある．生物は，ノイズや揺らぎを利用して生存のプログラムを構築している場合もあり，これらの事象の理解は非常に重要である．

#1 ローパスフィルタ：信号のうち一定の周波数より高い成分を減衰させるフィルタ．

0からの一言

同様に工学システムでも意図的にノイズを加えることがあり，これらの実例から発想を得ることもできるであろう．

ノイズは，真の値があり，観測値がその真の値に対して何らかの理由で乖離する場合の乖離を指す．揺らぎは，真の値自体が変動する場合の変動を指す．実際には，真の値の変動にさらにノイズが付加された値が観測されることになる．例えば単純な場合で，ノイズが正規分布に従うとして，多くの観測値が得られれば，真の値の推定は可能である．また揺らぎのある場合，揺らぎが長周期であれば，例えば時系列データに対して色々な種類のローパスフィルタ#1をかけることで，揺らぎを検出できる．また通信の分野では，信号よりノイズ成分の方が多いような状態からの信号の再現などの研究がなされており，実際に，色々な手法が実用化されている．数理的な解析や検証を行う研究者は，生物実験におけるノイズと揺らぎのサイエンスに正面から取り組むべきであろう．

実際に，これらのデータ処理で，ノイズや揺らぎの性質が明らかになれば，モデルもそれに対応した構築方法がある．計算モデルを開発する側から知りたいのは，そのデータのばらつきが，5％の範囲でばらついているのか？50％なのか？さらには数倍というオーダーでばらつくのか，また値の分布はどのような統計に従うと考えられるか？などであろう．これらの結果によって，対応の仕

方を変えていくことができる．

　さらに，モデルに確率過程を導入することでノイズの効果をシミュレーションすることも可能である．例えば，確率モデルを導入することで，ノイズや揺らぎを取り込んだモデルを構築することができる．この場合は，例えば1つの細胞の1回の時系列での挙動を再現することになるので，細胞集団からのデータと対応させるには，このシミュレーションを複数回実行（並列実行でもよい）してその統計値を見る必要がある．実際，Arkinらによるラムダファージのモデル[10]やAlonらによる大腸菌の走化性のモデル[11]は，複数回のシミュレーションでの挙動の分布を実験と比較している．

不確かさを前提とした
ロバスト制御理論

　さらに，これらのシミュレーションは，創薬や遺伝子導入，リガンド刺激などの生体の制御を意図した介入の設計と効果の予測に使われることも多い．

　ここで知っておくべき理論は，ロバスト制御理論であろう（内容は，かなり数理的なので，この本の読者のほとんどは，どのような内容なのかを知っていれば十分である）．

　生命システムは，一般に工学的システムよりはるかに多くのノイズや揺らぎを内包している．さらにシステム自体も分からないことが多い．この

点が，工学システムと生命システムの違いとして指摘されることが多い点である．しかし，大規模な工学システムは，ノイズ，揺らぎ，システム自体の不透明性など，程度の差はあるものの生命システムが抱える問題と同様な問題に直面している．

　実際に，1970年代の後半から第5講のモデル・リスクやパラメータ・リスクのところで紹介したような制御対象の予知・記述と制御方法の設計に関する問題が認識され，ロバスト制御理論の研究が進められた 12)〜14)．これは，制御対象記述の不確かさを前提とした制御理論である．不確かなシステムを理解し制御するには，制御対象システムが実際にどのような不確かさを持っているのかのモデリングが必要となる．

　ここで，非構造的不確かさを扱う場合を考えてみる．この場合，システムのモデルに対して一定の不確かさを，不確かさのモデルに従って想定する．この結果，システムのモデルは，不確かさを加味した多くのモデル群として捉えられる．ロバスト制御の問題は，このすべてのモデルに対して与えられた基準を満たす制御機構・パラメータを求めることに帰着される．つまり単一の制御対象モデルに対する解ではなく，モデルの集合体全体に対する解を求めるという変化がある (図8)．これは単にノイズや揺らぎの問題だけではなく，個体差をどのようにモデルに導入していくのかという観点からも有用性のある発想である．制御理論で

古典的制御　　　　　　　　　　ロバスト制御

図8
古典的制御と
ロバスト制御の概念比較
古典的制御では，単一の制御対象に対する制御方法を設計するのに対して，ロバスト制御では，一群の制御対象モデル群に対する制御方法を設計する．

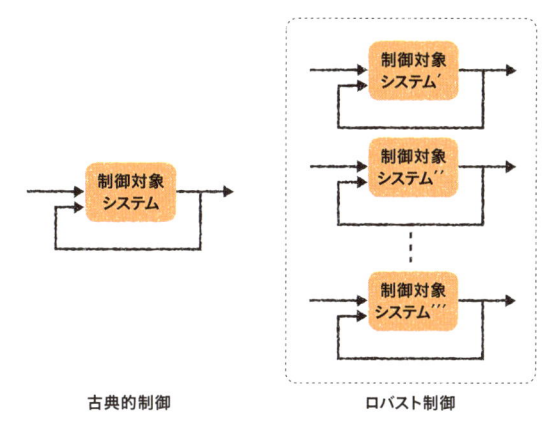

は，このような場合の制御方法は，H∞制御[#2]という方法で見出されることが分かっている．ロバスト制御に関しては現代制御工学の中心的研究成果であり，おびただしい数の書籍や論文が出版されている．これらの知見をいかに生命科学研究に導入していくかは大きな可能性を持った課題である．

フィードバックの不確かさを想定した Bode-Shannon 定理

ロバスト制御理論に加えてもう1つ，システム制御において重要なのは，Bode-Shannon定理であろう．システム制御で根本的に重要なネガティブフィードバックは，フィードバックループで十分に情報が伝達されるという前提で設計されている．しかし，分子間相互作用ではノイズや揺らぎの影響を考慮する必要性がある場合も想定できる．

#2

∅ からの一言

H∞制御：現代制御理論の基盤をなす理論であり，全周波数領域における最大の擾乱に対して，あらかじめ定められた範囲内にシステムが安定であるとする理論．H∞は，この理論でHardy空間H∞ノルムが，システム安定性判定規範に使われていることに起因する名称．

最近の制御理論の研究において，フィードバック制御に関するBodeの定理とShannonの情報理論を融合させる研究が進んでいる15)〜17)．つまり，フィードバック経路の情報伝達が不完全な場合にどのような影響が現れ，どの程度の制御までが可能となるかの理論化である（図9）．このBode-Shannon理論系を発展させることで，生物におけるフィードバックのより現実的な理論的解析も進む可能性が出てきた．

　この理論的枠組みでは，フィードバックループでの情報伝達容量・精度の低下に従ってシステムの安定性が阻害されるということを数学的に定式化している．実際にこのような理論を生物システムに当てはめるには，フィードバックに関係する分子に対するノイズや揺らぎなどの定量化が必要になる．今まではこれは全くお手上げだったが，最近の単一細胞での可視化技術の進歩などを考えると，近い将来このような理論が生物システムを舞台に検証，応用される可能性が十分あるであろう．

　これは何を意味しているのか？　あるフィードバックループで維持されている細胞機能について，フィードバックに関わる分子を擾乱することでその機能を低下させる場合に，どの程度低下させるとどの程度の機能低下や不安定性が増大するかが計算できるようになることを意味する．例えば，タンパク質の量がフィードバック量に伴って変動

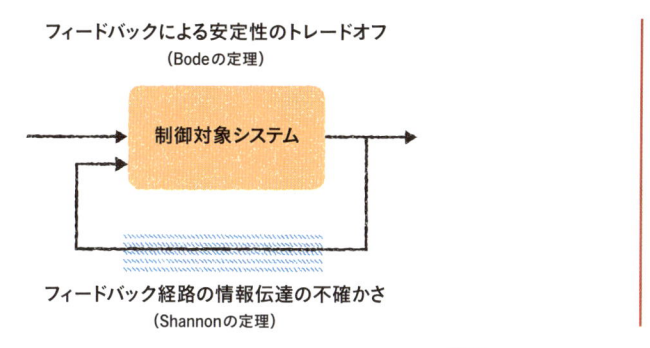

図9 Bode-Shannon定理の概念図

する場合には，フィードバック系に十分な情報伝達ができると考えられるが，フィードバックに関わる分子数が低下した場合，フィードバックが正確に行われない可能性がでてくる．これは，まさにフィーバック系のチャンネルの容量が低下した場合である．このような事態に対して，Bode-Shannon理論系は，有効な理論的枠組みを提供しうる1つの数学的知見である．

　以上，システム制御のための2つの重要な理論として，ロバスト制御理論とBode-Shannon定理を解説したが，本書読者にもう1つ大切な点を伝えておきたい．生物も含めた複雑なシステムでは，非常に精密に構成される必要がある場所と，一定のばらつきが存在してよい場合とがある．ばらつきがあってよい場所で，いかに精度の高い測定を行っても，システムの特性としてばらついている場合には，ばらついた測定結果のように見えてしまう．回路の特性として精密に制御されるべき場所と，大きな遊びがあってよい場合とが判別できることもある．これらの特徴を捉えながら，計算

モデル化と実験の実施を行うことが今後の主流となるであろう．

工学システムと生命システムにおけるフィードバック制御の違い

ここで，工学システムと生物システムで明確に違う部分を1つ議論したい．ネガティブフィードバックでシステム状態を制御することは工学システムでは一般的であり，同じような制御は生命システムでも多く見つけることができる．しかし工学システムでは，目標とするシステムの状態はそのシステムの設計者が明示的に決定し，その目標値に収束するようにフィードバック制御が構築される．この目標値をセットポイントと呼ぶ．しかし生命システムでは，このような明示的な目標値の設定は行われない．そもそも設計者がいる訳でもなく，セットポイントは進化的なプロセスやエピジェネティックプロセスなどによる均衡点に内在し，動的に変動する値となっていると思われる．

例えばバクテリアの走化性では，モーターの回転方向はおおよそ50％で切り替わるようにフィードバック制御が働いている．これは，セットポイントである．しかし，この目標値はどこにも明示的に示されている訳ではない．別の例をとると，例えば体温，血中グルコース濃度，細胞内カルシウム濃度など，多くのホメオスタシス制御が働いている場合において，定常値はどのように決定さ

れているのかを考えるとよく分かる．多くの場合，分散的に制御されている複数のプロセスのバランスの結果で一定の値に収束しているが，その値は明示的ではない．さらに，このセットポイントは環境と生体の状態に依存して動的に変化する．これは目標値が明示的に設定されることが多い工学システムとの違うところであるが，生物独自の制御系の理解を進めるには，分散的に決定される創発的セットポイントに関する数理を確立し，制御系の理論と連動させる必要がある．

ロバストネス・トレードオフ

生物システム，特に疾病の理解と治療法の開発でより重要なことは，ロバストネスにはトレードオフが存在するということである．制御工学ではロバストネスの向上は他の部分での脆弱性の増大につながり，全体でのロバストネスは一定であると考える．これが，先ほど述べたBodeの定理である．Bodeの定理では，ネガティブフィードバックをかけることによって低周波領域でのひずみやノイズの低減を達成することができるが，高周波領域では，逆に不安定性が増大するということが示されている (図10)．これは，フィードバックのプロセスにおいて時間遅れが発生するからである．この時間遅れによって，高周波領域では位相回転が発生し，ポジティブフィードバックになってし

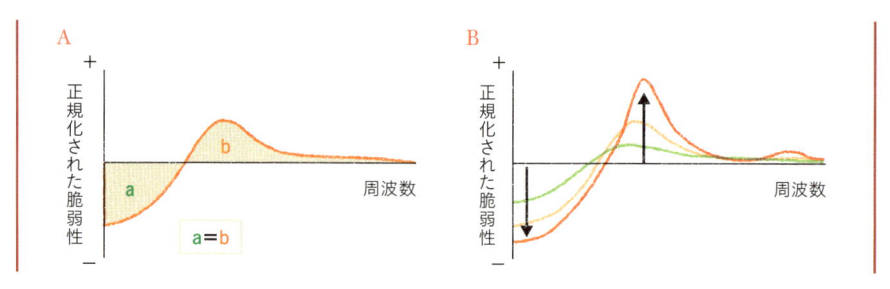

図10
Bodeの定理の概念図

A）ネガティブフィードバックではBodeの定理が適応され，低周波領域で向上した安定性（a）は，高周波領域での不安定性（b）と等量となる．B）ネガティブフィードバックを強くすると，低周波領域での安定性はより向上するが，高周波領域の不安定性も増大する．

まう状態が発生するのである．この不安定性は振動という現象として発生するが，生物ではこれをむしろ利用することもある．つまり，工学システムの観点からの脆弱性が，必ずしも生命システムにおける脆弱性に直結しているとは限らない点には注意が必要である．

　しかしながら，ロバストネスに関わるトレードオフは，色々な局面で観察される現象であり，その特性を理解することは重要である．Bodeの定理は周波数領域での議論であるが，このようなトレードオフは周波数領域だけではなく一般的な現象である．つまり，日常的な擾乱に対してロバストになるように進化・最適化したシステムは，想定していない擾乱に対して極めて脆弱になるということである．このようなシステムの特性に関しては，Jean CarlsonとJohn Doyleらの研究がある[18)19)]．さらにこのようなトレードオフは，ロバストネスと脆弱性の間だけではなくロバストネス，脆弱性，パフォーマンス，資源要求の間でも観察される（図11）[20)]．つまり，システムをよりロ

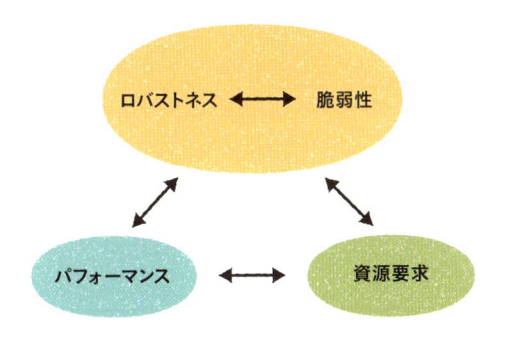

図11 ロバストネス・トレードオフ

バストにするためには，パフォーマンスを犠牲にする必要があるということであり，またパフォーマンスも維持しながらロバストネスを向上させるには，より多くのリソースを投入する必要があるということを示している．気を付けるべきことは，このようなトレードオフは幅広く観察されると同時に，常に顕在化している訳ではないということである[21]．これらの概念は，疾病をシステムの脆弱性として捉える際に重要なものになる[22]〜[25]．

システムにおいてロバストネスは，普遍なものとは限らない．特に生体では，老化などの現象に伴い，システムの全体的なロバストネスは低下する．また，システムの状態を制御する能力も低下していると思われる．個体ごとに脆弱性も違い，システムの不安定性の増大と同時に機能維持可能な最大のシステム状態の変動限界（ロバストネス・プロファイル）の減少が進行することで，年齢依存的に各種の疾患へとつながるとも思われる（図12）．これらを統合して理解が可能か，理論とその実証が重要であろう．

脆弱性　　システム不安定性　　システム破綻

システム状態の変動

ロバストネス・プロファイル
（システムの機能が維持される限界）

システム状態変動の増大

ロバストネス・プロファイルの縮退

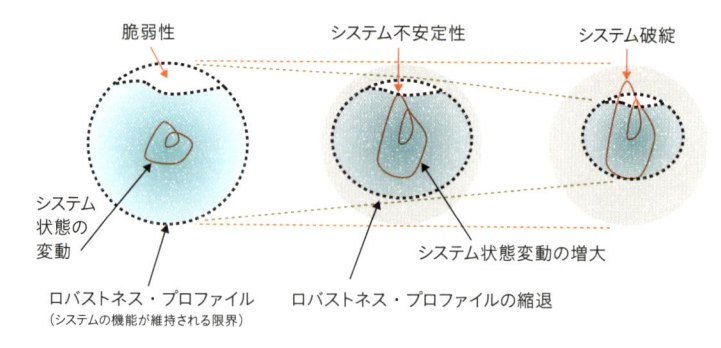

図12
システムのロバストネス・プロファイルと状態維持能力の低下が引き起こすシステム破綻の概念図

文献

1）Chen KC, et al：Mol Biol Cell, 11：369-391, 2000
2）Moriya H, et al：PLoS Genet, 2：e111, 2006．
3）守屋央朗，北野宏明：gTOW法によるロバストネスの測定．実験医学，25：191-197，2007
4）Kaizu K, et al：PLoS Genet, 6：e1000919, 2010
5）Kaizu K, et al：Mol Syst Biol, 6：415, 2010
6）Uhlmann F：Curr Biol, 13：R104-R114, 2003
7）Agarwal R & Cohen-Fix O：Genes Dev, 16：1371-1382, 2002
8）Holt LJ, et al：Nature, 454：353-357, 2008
9）Sasabe M, et al：BMC Syst Biol, 8：2, 2014
10）Arkin A, et al：Genetics, 149：1633-1648, 1998
11）Alon U, et al：Nature, 397：168-171, 1999
12）「Robust Controller Design Using Normalized Coprime Factor Plant Description」(McFarlane DC & Glover K eds), Springer, 1989
13）「Feedback Control Theory」(Doyle JC, et al), Dover Publications, 2009
14）「Robust and Optimal Control」(Zhou K, et al), Prentice-Hall, 1995
15）Tatikonda S：Control Under Communcation Constraints (Ph. D.), Massachusetts Institute of Technology, Cambridge, MA, 2000
16）Tatikonda S：IEEE Trans on Automat Control, 49：1196-1201, 2004
17）Tatikonda S：IEEE Trans on Automat Control, 49：1056-1068, 2004
18）Carlson JM & Doyle J：Phys Rev E Stat Phys Plasmas Fluids Relat Interdiscip Topics, 60：1412-1427, 1999
19）Reynolds D, et al：Phys Rev E Stat Nonlin Soft Matter Phys, 66：016108, 2002
20）Kitano H：Mol Syst Biol, 3：137, 2007
21）Kitano H：Mol Syst Biol, 6：384, 2010

22) Kitano H：Nature, 426：125, 2003
23) Kitano H：Nat Rev Cancer, 4：227-235, 2004
24) Kitano H & Oda K：Mol Syst Biol, 2：2006.0022, 2006
25) Kitano H, et al：Diabetes, 53 Suppl 3：S6-S15, 2004

第6講　まとめ

| 実際の病気や創薬モデルでは，
| 変化に対するロバストネスが
| 重要なパラメータとなる

| 実験データは，
| 真の値の変動（揺らぎ）に
| さらにノイズが加わった値として得られる

| 高精度モデルをつくるためには，
| システムが精密に制御されるべきか，
| ばらついてもよいか，
| その特徴を捉えることが大切

第7講
情報プラットフォームと人工知能の登場

　ここまで，システムバイオロジーのいくつかの局面を見てきたが，基礎から創薬などの応用分野まで，幅広く浸透しているのがお分かりいただけたと思う．私がシステムバイオロジーを提唱し始めてから20年近く経過することになるが，その間の発展は，目覚ましいようでもあり，遅々として進んでいないという感じもする．第1講でも述べたが，システムバイオロジーは，単に技法を導入するということではなく，一連の考え方や研究

のアプローチの変革を迫る側面が強いので，数年で急速に普及するということにはならない．30年から50年のスパンで評価するべき流れであろう．

　そこで第7講，第8講では，これからシステムバイオロジーはどのような方向へ展開するのかに関して議論したい．最初に議論するのは，技術基盤，研究基盤の整備である．私は，現状の実験システムやデータ解析システムは，より高度な自動化，統合化，さらには高度な知能化が必要であると考えている．限られた誌面なので，情報基盤の統合と知能化に関して議論する．

ソフトウエアの連携が
クリエイティブな研究の源泉となる

　今最も必要とされていることに，生命科学・ヘルスケア分野における標準となる情報系プラットフォームの開発と普及がある[1]．生命科学，医科学の研究への計算機科学のサポート，特にソフトウエアやデータベースの貢献が急激に増大していることは，広く受け入れられ始めている．遺伝子発現解析，ゲノム解析，メタボローム解析などをはじめとして，実験によって獲得したデータの高度な解析がその研究成果を左右する．

　しかし今までは，これらの解析ソフトウエアやモデル構築，シミュレーションなどを可能とするソフトウエアは個別の研究者や企業によって開発され，複数のソフトウエア間での連動はあまり考

慮されてきてはいなかった．生命科学，さらには臨床やヘルスケアも含めた広範な医科学分野に必要な計算科学やソフトウエアへのニーズは極めて多様であり，単一の研究室や企業に，これらの広範なニーズに最高レベルの対応を期待するのは現実的ではない．しかし同時に，電子カルテやウェアラブルデバイスなどから取得できる生活パターンや行動パターンに関するデータをパーソナル・ゲノムや広範なオミックス・データと相関させる解析，さらには，これらにネットワーク解析やモデリングを含めた解析を行いたいというニーズは高まっている．このため，各々の分野でトップレベルの複数の開発チームにより，ソフトウエアが連動して動作する基盤が開発される必要がある．同時に，トップレベルの開発チームは時間の経過や分野の変遷で入れ替わって行く．それに対応するためには，固定的な基盤ではなく，オープンでダイナミックにソフトウエアの連動性が確保できる必要がある．

　今まで，ソフトウエア間の連携に関してはデータフォーマットの標準化が推進されてきた．その結果，一連のオミックスデータの記述言語に加え，モデル記述言語であるSBML（Systems Biology Markup Language）[2]，パスウェイ交換言語であるBioPAX，グラフィカル表現言語であるSBGN（Systems Biology Graphical Notation）[3] などが開発され，現在でも活発にその改良と普及がなされて

いる．これらの標準化のプロセスにおいて，主要ジャーナルの影響力は大きいものがある．SBMLは，計算モデルの研究者の中では十分認知されていたが，より広範に認知されデファクト標準の座が確固としたものとなったきっかけは，Nature誌がそのEditorialでSMBLの利用を推薦したことにある[4]．データファイルの互換性に関しては，この10年程度で大きく前進した．

しかし，複数のソフトウエアを密に連動して一連の解析やシミュレーションを行うには，ソフトウエア・インターオペラビリティー（相互運用性）というより高度な連携機構が必要なのである．例えば，Adobe Creative Suiteやコンピュータ支援設計（Computer-Aided Design），コンピュータグラフィックス，音楽制作ソフトウエア群は，すでに高度な連携を可能としている．この連携が，より効率的に仕事を進め，クリエイティブな部分に意識を集中させることが可能となる源泉である．残念ながら，生命科学・医科学分野ではこのような高度な連携が実現されていない．

Garuda Platform
―情報基盤の統合を目指して

それを解決することを目指し，2010年に開発を開始したのが，第4講でも紹介したGaruda Platformである．これは，国内外の30程度の主要開発チームをネットワークしたGaruda

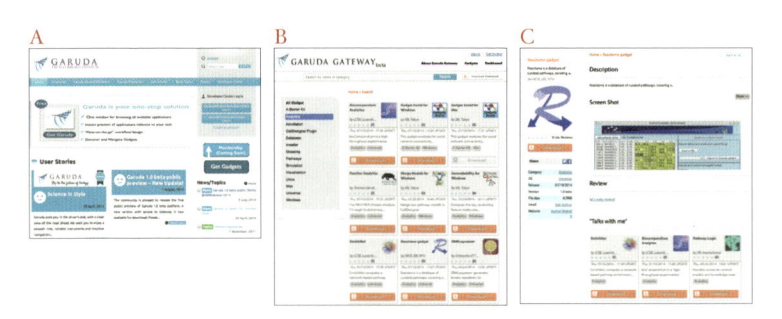

図1
Garuda Platform の ウェブサイト

A) Garuda Alliance ホームページ. B) Garuda Gateway：Garuda Platform 向けのソフトウエアダウンロードサイト．ここでは，データ解析ソフトウエア群が表示されている．C) Reactome を選択した場合の画面．Reactome の説明が表示され，さらに下に Reactome と連動するソフトウエア群が表示されている．

#1

0 からの一言

Garuda Platform の Public version は，Garuda Alliance のホームページ (http://www.garuda-alliance.org/) から入手可能である．ダウンロードページは，以下の URL にある．
http://www.garuda-alliance.org/userstories/garuda-1-1-beta-public-preview.html

Alliance の活動として，基本的なソフトウエア間のデータ互換性，アプリケーション・プログラミング・インターフェース（API）などに合意・準拠したソフトウエアを束ねる情報プラットフォームとして開発された．SBI がすべてのソフトウエアの連携を仲介する Garuda Core の開発を行い，これに準拠するソフトウエアの流通をサポートする Garuda Gateway の運営も行う (図1)．

　Garuda Platform では，Garuda Core を基盤としてそこで定義されている Garuda Core API に準拠して解析ソフトウエアなどを開発すれば，Core を経由して他のソフトウエアとのインターオペラビリティーが確保できるようになっている (図2)．また，これらの Garuda 準拠ソフトウエアは，Garuda Gateway からダウンロード可能である[#1]．多くはアカデミックなソフトウエアであるが，商用ソフトウエアにも対応予定である．

　Garuda Platform は，ヘルスケア領域での各種ライフスタイル・モニタリング用デバイスも接続

して，データ解析が可能な拡張性がある．同様に，実験装置と連動して，自動的にデータ解析プロセスを開始することも，さらには実験機器を制御・モニターすることも，各メーカーとそのためのAPIを定義すれば可能となる．

つまり，Garuda Platformは次世代シークエンサー（NGS）などより得られるデータはもちろん，多くのInternet of Things（IoT）やウェアラブルデバイスからのデータ取得，さらには臨床データベースとの連携を可能とし，それらのデータに対してシステムバイオロジー解析，バイオインフォマティクス解析や人工知能解析を可能とする情報基盤である (図3)．

Garuda Platformは，企業向けのエンタープライズ版も開発されており，すでに武田薬品工業社にも導入されている．Garuda Platformは今後，急速に普及が進むと考えられる．エンタープライ

図2
Garuda Platformの概略

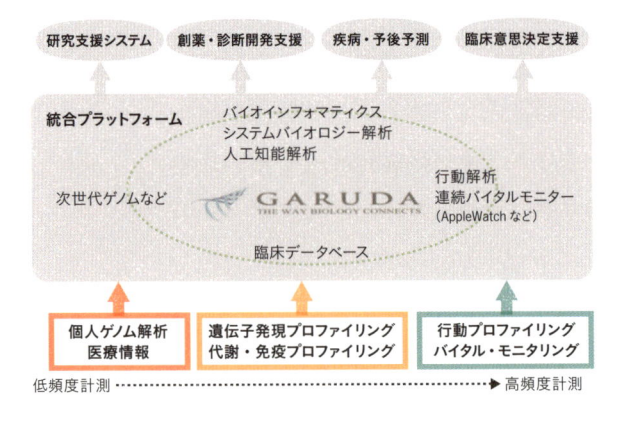

図3
Garuda Platformは
広範なデータを
取り込み，多用な
解析を可能にする

ズ版では，専用端末Garuda Terminalというパッケージも開発している (写真I)．これは，製薬企業，バイオテクノロジー企業の研究開発の生産性を向上させる目的で開発されている．

第11講ではGaruda Platformを用いたパスウェイ解析のワークフローを実例とともに紹介しているので，あわせてご覧いただきたい．

人工知能は，生命の謎を解明できるのか？

情報基盤の統合の次に来るのは，知能システムの登場であろう．生物学，医学は，知識集約型の分野である．膨大な知見やデータから法則性を見出す，逆に個別化要因を見出すなど，膨大な知識，多様な推論，動的な修正が中核となる知識処理が，その「ゲーム」の根本にあるとも言える．実はこれは，人間より人工知能システムの方が得意な分野となりつつある領域である．

写真I
Garuda Enterprise Terminal

現在，生物学的共有知識は，各種データベースか論文という形で蓄積されている．だからこそ，第5講で紹介したディープ・キュレーションにおいては，1つのマップ構築のために膨大な量の論文を文字通り"読み込む"必要があった．一方で最近になって，Nature Publishing GroupがScientific Data誌というジャーナルを刊行し，より広範なデータ蓄積の可能性に道を拓いている．論文という非形式化知識とデータベースの形式化データが混在し，エラーや矛盾がある中で，有用な知識体系を構築し続けるシステムの開発が必要となる．

生物学への知能システムの導入の先進的研究では，マンチェスター大学のKing博士らが開発するRobot Scientistがある[5)6)]．これは，既存知識から知識の欠損部分を同定し，その欠損部分を明らかにする出芽酵母の実験をデザインし，実際に実行するシステムである．

最近では，IBM社がJeopardy！というクイズショーで人間のチャンピオンに勝利したWATSONという人工知能システム[7)]を，がんの臨床における医師のサポート用に転換して，Memorial Sloan Kettering Cancer Center（MSKCC）で実証試験を始めている．WATSONは，大規模計算機上に多様で非常に多くの推論アルゴリズムを搭載し，それらの推論結果を実時間で評価し，ある程度の信頼度の推論結果を正解とみなして回答するシステ

ムである[8]．WATSONは，インターネット上の情報をひたすら集め，それらからクイズの正解を推定するネットワーク・セントリックな，つまりネットワーク上の情報とクラウドの計算量を最大限に駆使したシステムである．クイズ番組と生命科学や医療では，複雑さが違うという議論もあるだろう．しかしクイズ番組は，何が出題されるかが分からない完全にオープンエンドな領域に対して，高い確率で，しかも迅速に正解を発見する必要があるタスクであり，決して簡単ではない．

　生命科学分野への応用では当座は色々な問題が発生するだろうが，それらの問題を克服して，一定の有用性が確認されることになると予想される．最近IBM社のWATSONチームは，New England Journal of Medicine (NEJM) 誌のDoctor's Dilemmaという問題集を利用して，WATSONの医学的推論の評価を行っている．その結果，基本モジュール，領域知識を強化し，トレーニングによる適応学習などを行うことで，すべての問題に答えた場合の正解率が50％，確信度の高い20％程度の問題に答えた場合の正解率が85％となった．さらにアドバイス機能としてはより重要な，「WATSONが挙げたトップ10のアドバイスに正解が入っているか」というRECALL@10という評価尺度では，77％の正解率を達成している[9]．

これからの生命科学は人工知能とともに

　非常に高度な情報処理と知的な推論を行うシステムの研究は，現在，加速度的に進歩している分野である．さらに，ネットワークを利用して，世界中の不特定多数の人々が研究に参加するクラウド・サイエンス（Crowd Science）が，知識体系の形成の在り方を根本的に変えることになるのではないかと思う [10)～12)]．

　クラウド・サイエンスの典型例に，タンパク質の構造予測をマルチユーザーオンラインゲームとして一般市民の参加を可能としたFoldItがある [13)]．また，オープンなコンテスト形式で研究を加速しようという試みも増えている [14) 15)]．このような試みを成功させるには，参加者のインセンティブとプロジェクトの目的の一致など社会学的な側面での設計が必要となる [16)]．

　こういった技術の登場は，臨床意思決定支援から基礎研究までの広範な分野に影響を与えるであろう．例えば，多くの生物学の研究は「マウスのT細胞において，分子Xは，遺伝子Yを過剰発現させるか？」などという比較的個別的な質問の組合わせで成り立っている．このように考えると，一つひとつの問いは，WATSONのようなシステムである程度の推定ができそうである．もちろん，WATSONか同等のシステムを，分子生物学やゲ

ノムサイエンスの分野向けにチューニングする必要はある．重要なことは，このような問いは，現在急速に発展している人工知能システムによって，十分回答可能な問題の領域になりつつあるということである．こう書くと，「生物学では色々な場合があって各々違うので，単純化はできない」というコメントが思い浮かぶ．ところが，この膨大な場合分けと，個別の前提条件の同定，不完全情報問題の確率的推定などが，実は最近の人工知能システムが人間の能力を凌駕すると考えられている領域なのである．

さらに，Robot Scientistのようなシステムを組合わせれば，推定に対する検証実験を組立て，実行することも可能である．人工知能の研究には，仮説群やデータ間の矛盾や情報の欠落を同定し，それを解消する仮説を生成する研究も行われている．このようなシステムが，一部においては人間の研究者の能力を上回ることが起きても不思議ではない．

もちろん，人間の研究者の仕事がなくなる訳ではない．しかし，研究のスタイルは大きく変わるであろう．90年代後半のシステムバイオロジーやオミックス，ゲノムサイエンスの登場で生命科学研究の方法が大きく変わったように，高度な知能システムの登場は，研究の方法を再び大きく変えて行くことになるだろう．

1997年にIBM社のチェス専用人工知能システ

ム Deep Blue が人間の世界チャンピオンである Garry Kasparov を破ったチェスの世界では，今は，人間とコンピュータが協力して試合を行うアドバンスド・チェスという，Kasparov 自身が考案した競技形式が盛んになりつつある．これは，各々プレーヤーがコンピュータ・チェスのシステムとチームを組み，試合を行うというものである．生命科学の分野でも，このような光景，つまり人工知能システムと人間の研究者の共同作業による研究の遂行が見られるようになると思われる．これは，非常に強力な研究手法となるであろう．人工知能と人間に代表される自然知能では，能力を発揮できる文脈の厚みとピークに顕著な違いがある．人工知能は，一定の限定された局面で圧倒的な能力を発揮する．これに対して，自然知能はピークは低いが広範な能力を有する (図4)．専門家は，限定的な分野でより高い能力を発揮するが，多くは，同様な限定条件では人工知能のレベルには達しない．実際の研究では，多くの問題が比較的限定さ

図4
人工知能と自然知能における知能の文脈的厚さの違い

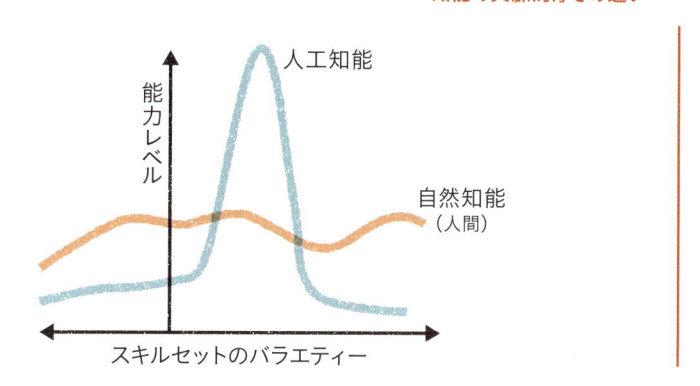

れた一連の問いに転換可能であることを考えると，人工知能のピーク領域を有効に利用して研究を進める合理性がある．

自然言語が対象と表現の乖離をもたらす

　生命科学の分野では，極めて大量かつ多次元のデータが生み出され，膨大な論文が出版される．それは人間の処理能力と理解能力を超えている．また，扱う対象である生命システムは極めて非線形で，動的な，大規模並列システムである．このようなシステムを理解することは，人間は極めて苦手である．この根源的理由として，われわれが，その思考を言語や記号論理で主に行わざるをえないということがある．ところが，言語を使って思考している時には，われわれは基本的に逐次処理で思考を展開している．よって，同時並列的に発生する現象の直感的理解が極めて困難である．

　また言語的表現を使う場合も含めて，われわれは知識を表現する場合に，注目している事象に関連する部分は記述するが，それ以外は記述を行わない．しかし，記述されていない部分はどのような条件でもよいので記述していない場合と，一点の条件を満たしている必要があるが記述から漏れてしまっている場合などがありうる．前者の場合は問題は少ないが，後者は知識の統合と伝達に大きな支障をきたす危険がある．

自然言語による記述

In contrast, in response to mating pheromones, the Far1-Cdc24 complex is exported from the nucleus by Msn5.

形式表現への知識抽出

Far1-Cdc24 → Far1-Cdc24
Msn5

原文からでは不明な部分の例

核からどこへの移動か？　　Msn5 は核に局在しているのか？
どのような状態の Far1-Cdc24 複合体もトランスポートの対象なのか？
どのような状態の Msn5 もこの反応を引き起こすのか？

図 5　自然言語からの知識抽出に伴う困難
文章は文献 17 の Abstract の中の一文．

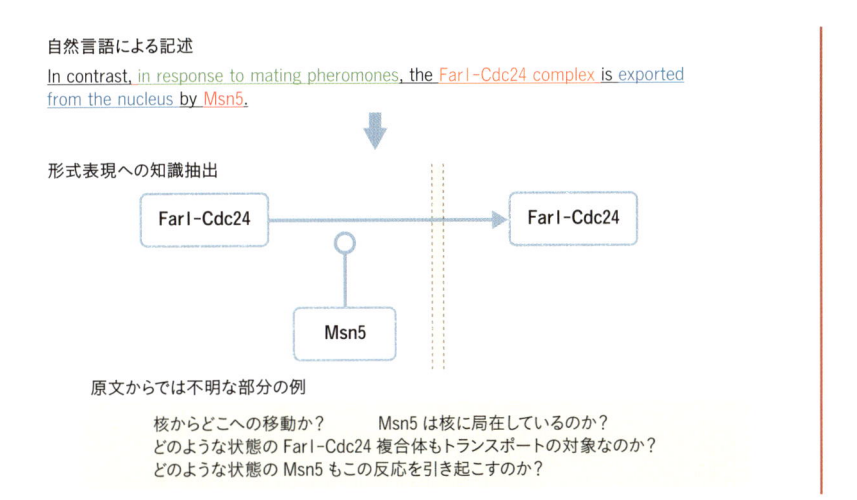

　例えば図5にあるように，論文中の文章から分子間相互作用に関する知識を抽出しようと試みよう．この場合，ある程度知識を構造化された形式で記述できる．しかし，正確な知識の抽出には必要な多くの事柄が，全く触れられていないのである．人間はこのような不完全な知識の記述からもある程度の知識を得ながら推論を進めていくことができる．しかし，同時にその知識の体系は多くの不確定さと矛盾を含んでおり，不可避的に，対象の実態とは大きく乖離せざるをえない．

　さらに，われわれが言語を使うということが，対象と表現の乖離を不可避にするのである．言語は対象となる概念や事物を記号（シンボル）として表現する．ところが，非常に複雑で，ともすれば曖昧な対象を記号化して表現する（つまり，言語化する）際には，不可避的に現象の実態と表現との乖離が発生する（図6）．この蓄積が複雑なシス

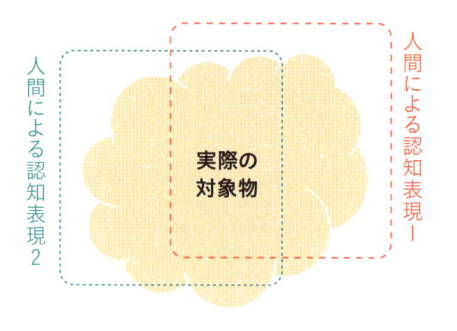

図6
対象と表現の乖離

（図中ラベル：人間による認知表現2／実際の対象物／人間による認知表現1）

テムの認識を困難とし，そこからの推論の精度を著しく劣化させるのである．これは一般意味論（General Semantics）18)や認知言語論（Cognitive Linguistics）19)の分野ではよく知られていたことで，一般意味論の提唱者であるKorzybskiが言うように「地図は，領域ではない」（the map is not the territory）のである．

　これらの困難を克服するには，強力な人工知能を開発して，研究のパートナーとする道を選ばざるをえないであろう．

　そこに至る過程で，広範囲かつ本質的に困難な問題（技術的課題も多いが，社会学的課題も大きいであろう）を解決して行く必要がある局面も出てくるが，かなりの部分で，われわれ人類はこれを乗り越えて行くと思う．この段階になると，研究組織の生産性は，その組織が有する人工知能システムの能力とそれを駆使することができるかに大きく依存することになる．

　これもまた，生物学の正常進化型の1つとしての，システムバイオロジーが描く未来である．

文献

1) Ghosh S, et al：Nat Rev Genet, 12：821-832, 2011
2) Hucka M, et al：Bioinformatics, 19：524-531, 2003
3) Le Novère N, et al：Nat Biotechnol, 27：735-741, 2009
4) Editorial：Nature, 435：1, 2005
5) King RD, et al：Science, 325：945, 2009
6) King RD, et al：Nature, 427：247-252, 2004
7) 「Final Jeopardy: Man vs. Machine and the Quest to Know Everything」（Baker S/著）, Mariner Books, 2011
8) Ferrucci D, et al：AI Magazine, 31：59-79, 2010
9) Ferrucci D, et al：Watson: Beyond Jeopardy!, in IBM Research Report 2011, IBM
10) Kitano H, et al：Nat Chem Biol, 7：323-326, 2011
11) Khatib F, et al：Nat Struct Mol Biol, 18：1175-1177, 2011
12) Wicks P, et al：Nat Biotechnol, 29：411-414, 2011
13) Cooper S, et al：Nature, 466：756-760, 2010
14) Bansal M, et al：Nat Biotechnol, 32：1213-1222, 2014
15) Costello JC, et al：Nat Biotechnol, 32：1202-1212, 2014
16) Kitano H, et al：Nat Chem Biol, 7：323-326, 2011
17) Shimada Y, et al：Nat Cell Biol, 2：117-124, 2000
18) 「Science and Sanity: An Introduction to Non-Aristotelian Systems and General Semantics」（Korzybski A), Institute of General Semantics, 1933
19) 「Women, Fire, and Dangerous Things: What Categories Reveal About the Mind」（Lakoff G), University of Chicago Press, 1987

第7講 | まとめ

> システムバイオロジーは，
> 膨大な文献情報や
> データベースの知識の
> 統合・活用に取り組む

> 数多ある生命科学のソフトウエアが
> 連携するプラットフォームは，
> すでに実用段階にある

> これからの生命科学は，
> 人工知能システムとの
> 共同作業へと展開して行く

第8講
人間の認知限界を
突破するために

第8講では前講から踏み込み，人間の認知限界の問題を議論する．さらに，これに対応したシステム工学的観点からの議論を展開して，これらの研究が創薬やヘルスケアに与えるインパクトを議論しようと思う．

人間は自然現象を"分けられない"

人間が言語を使うことで対象となる現象とその

図 1
非線形現象の記号的（線形）区分の限界 [1]

特徴量 A と B で表現された空間に分布する現象（一つひとつのサンプルポイント○で表された、曲線の境界の内側）を、言語で表現する場合、A2 & B2 の領域などと定義されうる。しかしこの場合、赤で示した領域がエラーとなる。このエラーを最小化するには、各々の特徴軸の分類区間を細かくする必要があるが、その場合、人間には各々の区分の意味付けが理解できなくなってくる。

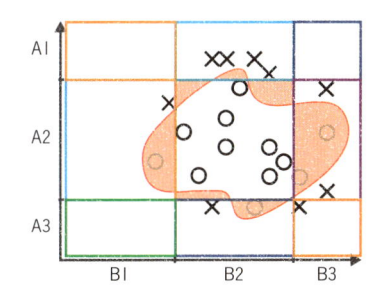

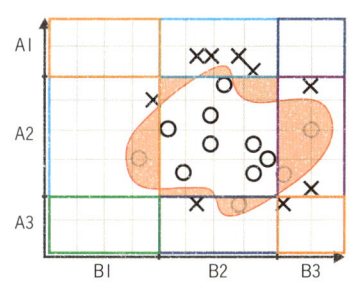

　表現の乖離が生じるということは何を意味するのであろうか？ それは、生命現象の正確な記述や分類をする際に、人間がつくり上げた表現や分類を使うことはできるだけ避けた方がよいという点である。なぜなら、そこには従来の分類に対するバイアスが入っている可能性があると同時に、人間が分類する際に不可避的に利用する区分、概念上のバイアスが、あまりに人工的であり、適切ではない可能性があるからである。

　これを説明する最も簡単な例は、非線形の領域に分布している現象を、自然言語で表現する場合である。図1に簡略化して示しているように、ある現象が、2つの特徴量によって記述できる空間に分布しているとする。人間の言語、さらに、その言語を利用して思考している人間の意味空間では、各々の特徴量を区分した空間に対して、ラベルを振り分ける必要がある。これが記号化であり、言語化の一ステップである。しかし、このラベリングは、不可避的に線形に区分することになる。

これは多くの場合，多くのエラーを伴うことになる．この簡単な例でも分かるように，人間の認知構造の論理的限界を克服することが重要になる．

　これを克服するには，分類を大規模学習と個別化発見というアルゴリズムを用いて行い，人による恣意的な分類を排除することが重要である．これによって，より正確な疾病分類，対処法，診断法が再定義されるであろう．これは，単にいわゆるビックデータを使うということではない．いかに大量のデータを利用しても，その解析手法やその背後にある対象現象に対する世界観が曖昧では，有意義な解析結果は得られない．人工知能の研究の結果として理解されていることは，人間の世界認識の区分は一定のバイアスが入っていると同時に，人間が推論を行う際に多くの無意識な情報を処理しているので，明示的に認識できるルールや知識を取り出したのみでは，適切な推論や学習ができないということである[1][2]．同時に，大規模なデータから文脈に依存してそのサブセットのデータを対象に解析すると，もとのデータ全体からは見えてこない知識の抽出ができるということである．この2つのポイント，すなわち認知バイアスからの解放と，文脈依存のデータ選択をどう取り込んでいくかが今後の情報化された研究と臨床応用でキーとなるであろう．

　そして，その先には人工知能の歴史が経験した，量が質に転化する臨界点が出現するのだろう．

極限分類は，精密な個別化医療につながる

　このような中で，きわめて詳細に状態を区分し，それに対応した制御を行うというアプローチ（これを，「極限分類」と呼んでみる）は，細胞レベルから臨床レベルまでの広範囲の対象で押し進められるであろう．例えば抗がん剤の開発においても，一般的にがんの種類で設定した患者コホートでは有意な臨床試験結果が得られないが，複数のバイオマーカーを設定して患者集団を絞り込んだ場合には有意な効果が見られるということは，広く認識されている．これは，従来よりも一層詳細な疾病のカテゴリー形成であり，現在1つの疾病に分類されている疾病も，実は多くのサブカテゴリーが存在し，そのカテゴリーごとに疾病の発症と進行の機序が違い，当然，治療方法も違ってくることを示している．このようなカテゴリー形成は，多くの疾病分野でより広範に導入されてゆくであろう．もちろん患者集団のより詳細な分類（層化）はすでに行われているが，どれだけ詳細な分類を，どのような手段で行うことが可能で，さらに医学的に意味があるか，つまり，分類に応じた適切な治療方法の区別が存在し，最終的なアウトカムの向上が見込めるのか，など多くの検討するべき課題がある．

　同時にこの分類が，現状において十分細かくで

きていないがために，分類に見合った対応策が見出せていない可能性は大きい．例えば，中枢神経系の疾患の病状の分類と進行に，アンケート方式の調査が行われている．しかし実行面での制約などからこれが現状での主要な方法であるものの，より詳細なデータが得られるのであれば，さらに細かい分類と個別の対応法が発見される可能性もある．医療への応用という観点からは，対応策がないから分類の意義が見出せないのではなく，分類が十分ではないので対応策が発見されていない場合もあると考えた方がよいであろう．

　若干抽象的な議論になったが，これは，疾患の機序のシステム理解という基礎研究を，有効な個別化医療へと結び付ける際の，情報論的バックボーンになると思われる．同時に，なぜ人工知能の研究が将来の生命科学の中核テーマとして登場するかの大きな理由の1つである．

創薬における価値の源泉が，変わる

　このような極限分類による疾患の理解は，単に現状の基礎研究，創薬，臨床の高精度化だけにとどまらないインパクトを与える可能性を有している．高精度な分類化とそれに対応する薬の選択，治療戦略の決定が押し進められる場合，まず不可避的に起きるのが，複数の分子を同時に標的とする手法が，有力な選択肢として浮かび上がるとい

うことである．

　分類があまり細かくない場合には，1つの分子標的に対する抗がん剤を使うという選択肢が主流であろうが，より細かい分類が可能になれば，複数の変異分子を同時にターゲットとする，より細かい選択肢が可能となる．例えば，ある種類のがん患者の10％には，Aをターゲットとした分子標的薬が一定の効果をあげるが，その中の30％の患者に関してはA＋Bの組合わせは極めて効果があり，別の20％の患者にはA＋Cの組合わせがよく，さらに別の10％に関しては，実はC＋Dの組合わせの方が有効であるなどの選択肢が浮上する．これは，単に分子Aの変異をマーカーとした分類だけでは達成できない．より詳細な分類の達成は，多くの場合，その背後の分子機構の反映であることが想定され，それは不可避的に多剤併用，コンビネーション・ドラッグへとつながっていく#1．現状の抗がん剤治療でも，複数の薬剤の同時投与は日常的に行われているが，その多くは副作用の緩和や代謝拮抗などであり，複数の分子標的を意図的に狙ったものではない．しかし，近年，コンビネーション・ドラッグの有効性が浸透してきており，多くの研究がなされている．第4講で紹介したMerrimack社とSanofi社のケースなどが代表例である．

　さらに，化合物の組合わせでハイスループットスクリーニングを行ったCombinatoRx社による

#1 ∅からの一言

この意味で，中医学や漢方での薬は非常に多くの生薬の組合わせを基本としており，各々の生薬には数百から数千の化合物が含まれていることは，非常に示唆的である．

#2

0 からの一言

Chlorpromazine は，国内では，コントミンとして田辺三菱製薬社から販売され，薬価は100 mgで9.2円．Pentamidineは，サノフィ社からベナンバックスとして販売され，薬価は100 mgあたり2539.3円である．

研究から明らかになったように，特許切れの薬の予想外に有効な組合わせが見出される可能性も大きい．CombinatoRx社の開発したスクリーニングシステムは，現在米国Horizon Discovery社に移管され，スクリーニングサービスに利用されている様子である．CombinatoRx社の場合は，ChlorpromazineとPentamidineというどちらも抗がん剤ではない，しかも非常に薬価が低い薬の組合わせで，腫瘍抑制効果を確認したという結果を発表している[3] #2．仮に今後，このような組合わせが次々に発見されるなら，公開知識としてそれらの組合わせを利用することが可能となり，薬の組合わせのシステムに基づき新しい効果を見出すという新たな戦略が出現しうる．また，既存薬の新たなデリバリー形態との組合わせで，大きな効果をもたらすこともありうる．実際，Merrimack社は，MM-398（ナノリポソームに内包されたIrinotecan）[4]，5-FU，Leucovorinの3薬のコンビネーションが，第三相臨床試験で主要エンドポイントを達成したが，MM-398単剤では到達しなかったことを発表した[5] [6]．

しかしがんの場合，そのゲノムの多様性と不安定性から，単に1つの組合わせを見出して処方するだけでは不十分で，抵抗性の出現は免れない[7]．それを避けるためには，従来では考えられなかったような稠密なモニタリングと詳細な分類が必要となる．この意味するところは，創薬における価

値の源泉が，患者のより適切な個別化診断とモニタリングを行い，適切な組合わせを判断する部分に一層比重を移していく可能性があるということである．もちろん，新薬の重要性が揺らぐことはない．しかし，既存薬やドラッグ・リポジショニング（既存薬や開発の中止された化合物の再開発）で価値が再定義されうる化合物などをベースとした新たな組合わせの発見は，今後想像以上に重要性を増してくるであろう．

　これは潜在的に産業構造を変える可能性がある．まず，創薬中心から診断中心へと価値の源泉が移行する．しかし，ここでの「診断」は現状で行われている診断ではなく，極限分類された病態分類に対して，膨大な薬剤の組合わせの最適マッチングを発見するという行為となる．現実的には，多くの症例に関しては現状の延長上にある診断方法が開発されるであろうが，極めて精密な分類を行うことが従来よりも明確に良好な臨床結果をもたらす場合には，極限分類に基づく診断が導入されるであろう．その場合は，複雑なバイオマーカー群や測定値の高度な計算処理による結果に重きが置かれるであろう．

　こうなると価値の根源は，個別の薬剤から，広範なデータと知識ベースに基づいた診断サポートを行う統合サービスへと移行する．薬剤の価値は，このサービスにどのように位置付けられるのかで決まる．また，新薬の開発戦略は劇的に効果のあ

る突出した新薬以外は，このサービス体系に対応する製品ポートフォリオのギャップを埋める部分への投資が行われるであろう．

　この流れが究極的に行き着く先には，製薬業界の一部が薬の製造業から診断と創薬を統合したサービス産業へと変化するというシナリオがありうる．実はコンピュータ業界ではこれがすでに起きている．IBM社は，以前は特許でしっかり固めたコンピュータを販売することを中核事業とする会社であったが，現在はオープンソースを積極的にサポートするソリューション・プロバイダーとなっている．同時に，ソリューション・プロバイダーであるがゆえにメインフレーム・コンピュータに対する顧客ニーズが的確につかめるという利点も生まれたのである．そのIBM社が今，人工知能に社運をかけているのは，非常に示唆的なことだと思う．同様なことが製薬業界にも起きると考えられ，製薬企業と診断サービス企業の合併などが引き起こされ，次世代のシステム医療企業を標榜すると考えている．そのような企業の価値の源泉は，診断サービス，創薬パイプライン，メディカル人工知能であろう．

システムの理解から
システムの制御へ

　最後に，極限分類とシステムの制御がどのように関連し，新しい分野を切り拓くかに関して議論

しよう．

　システムバイオロジーがシステムの理解という段階を超えた今，世の中に具体的にインパクトを与えるには，対象となるシステムを制御できるようになる必要がある．現在でも，発現制御や代謝制御など個別の過程制御の実態を理解するという研究は非常に盛んであるが，今後はこれらの成果をふまえながらも，システムとしての細胞や組織，さらには臓器や個体などの状態やそれらの発生・分化を，いかにして，意図したように制御を実現できるのかという研究が，より重要になってくる．

　もちろん現状でも，薬というものは化学物質で生体を制御し，症状の緩和や回復へと誘導する目的で開発されており，その意味では制御を行っている．さらに発生の研究では，色々な発生誘導因子の発現制御（誘導や抑制）を利用した分化の研究が行われている．しかしその手法は，制御工学的に見ると非常に単純であり，より精密な制御が実現できる可能性とその必要性はあると思われる．

　積極的に生体を制御しようという文脈では，iPS細胞に代表される細胞リプログラミングの研究がある．しかし，細胞リプログラミングを見ても，現状においては，初期刺激を与え，あとはその中からうまく行ったものを拾い上げてくるという手法が主である．この誘導過程において，できるだけ稠密な観測時点を設定し，その結果に基づきフィードバック制御を行うということは実現の

途上にある．細胞のような複雑系の制御を考えるうえで，連続モニタリングの技術を確立することは非常に重要になる．さらに，その先に目指すべきは，「モデル駆動制御」の実現であろう．

ヒューマノイドロボットはなぜ歩けるのか

　モデル駆動制御は，ヒューマノイドロボットなど複雑なシステムの制御で使われている手法である．単純なフィードバック制御などでは，システムの特定の要素の値（これをシステム・パラメータと呼ぶ）がとるべきターゲットの値（これをセットポイントと呼ぶ）を決めて，ネガティブフィードバック制御によって，この値を維持するように設計される．しかし複雑なシステムでは，多くのシステム・パラメーターを適切な関係におさめておく必要があり，セットポイントは個別には決定できない．このような状況では，個別のセットポイントを定めるのではなく，対象システムのモデルを構築し，そのモデルの状態をターゲットとする手法を導入する．そのうえで，このモデル上の各々のシステム・パラメータの値が，実際のシステムのセットポイントとして利用可能となる．これがモデル駆動制御であり，複雑なシステムの制御目標が決まってくる．

　しかし実際に，複雑なシステムで，仮に初期値と制御目標を与えてシステムの動作を開始しても，

計画したシステムの挙動と実際の挙動にずれが生じる．これは，第6講でも議論したようにシステムの各種パラメータの内在的誤差，ノイズ，外的要因などによるもので，事前に正確に予測することに限界がある．

　このため，一定の時間間隔でシステムの状態をモニターし，モデル状態との差異を計算し，システムの新たな状態のモデルを構成し，そのモデルと，あるべき動作をするモデルとの差が収束するような新たな制御を行う．例えば，ヒューマノイドロボットでは，このようなモデルロボットと実ロボットを反映したモデルとの誤差計算，制御修正は，リアルタイムで連続的に行われている（図2）．これができないと，ヒューマノイドロボットは歩行ができないのである．細胞の状態を精密に制御しようとすれば，同じような問題に突き当たる可能性がある．これを克服しようとするならば，同様にモデル駆動制御を実現し，その状態変化をモ

図2
モデル駆動制御

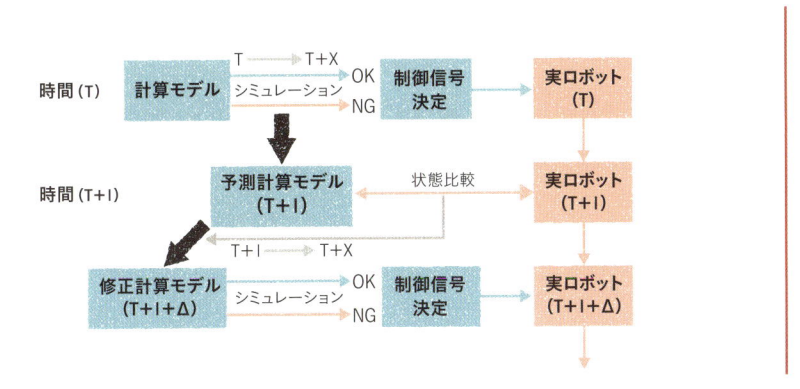

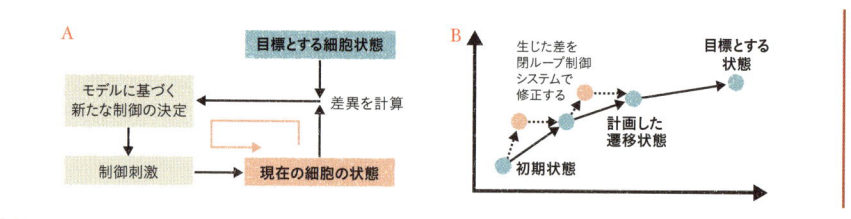

図3
細胞における
モデル駆動型制御
A) 閉ループ制御システムの概念.
B) 細胞の誘導過程を制御する.

ニターし,リアルタイムで修正をかけ続ける必要がある（図3）.

もちろん生命システムには,自己組織化など,ある程度適当な状態から最適な状態へと自律的に収束していく能力もある.これは,工学システムでは一般的ではない.しかし,この能力が発揮される範囲までは細胞の状態が適切に誘導されないと,この利点も活かせない.また細胞リプログラミングの効率の問題は,まさに細胞制御手法の革新の必要性を物語っている.

"ばらつかない"レベルまで細かく分類する

ロボットなどの工学システムの場合は,個体ごとにばらつきはあるものの,その分散は設計時にある程度抑え込まれている.しかし,モデル駆動制御を実際に生物に対して実現しようとしても,細胞などを扱う場合には,ばらつきが非常に大きな問題となる.正確な制御を行うには,対象の実システムと制御モデルとが許容範囲内で一致している必要がある.その場合に,集団の平均値で一致しているというだけでは,実際には「多様な状

態の対象細胞に，各々にとっては最適ではない制御を行う」という結果になりかねない．これを避けるためには，最小の制御対象集団の中では，非常に高い等質性を維持することが必要になる．

細胞においてこれを実現するには，現状では，少数のバイオマーカーを利用してセルソーターで分類するという手法があるが，どうしても細胞にストレスを与えてしまう．理想は，培養を行っている機器自体の上で正確な分類ができることである．On-culture cell sortingとでも言えるような技術だが，広視野角ライブ・イメージングとマイクロ流体技術などの組合わせで，将来的には実現可能であると思われる．このような実験技術が開発されれば，対象の細胞をより正確に制御することができる (図4)．

このような技術が可能とするのは，細胞集団を各々の状態に対応する区分ごとに分類して，各々は等質性の高い集団として扱い，観察するという

図4
細胞にモデル駆動制御を適用させるためには，細胞集団の同質化を連続的に行う必要がある

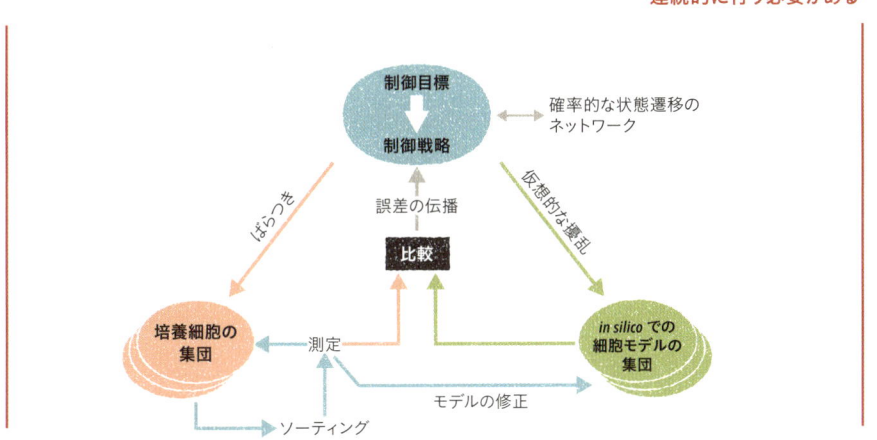

ことである．この区分を，実用上意味のある範囲内で非常に細かく設定する（つまり先述の極限分類である）ことができれば，高精度で細胞の状態の測定とその制御が可能になると期待できる．ただしこれは，2〜3年で実現する研究テーマというより，中期的なアジェンダであろう．

　生物を対象にこのような手法を導入することにどのような意味があるのであろうか？　それは，われわれがどれだけ明確な計画のもとに生命現象の一部を制御することが可能かという問いにつながっていく．ただし，このような手法が細胞への最小限のダメージで実現できるかは，今後の研究を待たねばならない．

　しかし，このような制御手法が開発されれば，細胞リプログラミングや再生医療において，大量につくってから利用可能なものをスクリーニングするという方法ではなく，細胞や組織を連続的にモニターし，目指す方向へと制御し成長させ，その品質を担保するというクローズド・ループ型の生産システムが実現する．また，創薬プロセスやバイオマーカー探索での精度と効率の向上にもつながる．さらに，基礎的な研究においてもより正確で精密な実験が可能となる．それは，生物学を極めて精密な科学へと変貌させるに違いない．

人智を超えて

　ここまでの全8講では，システムバイオロジーとは何かという話から始まり，システムバイオロジーの現状やアプローチなどを概観してきた．第7, 8講では，今後の展開ということで，私の妄想を述べさせていただいた．読者によっては極端だと思われたり，現実的ではないと思われることもあるかと思う．しかし，明確に自然法則に反しない限り，不可能だと思われたことが実現しているのがサイエンスとテクノロジーの歴史である[#3]．同時に，このことは，生命システムのような複雑で極めて多様な現象を創出させる対象の理解と制御に，生身の人間の知能で対応できるのかという問題を含んでいる．著者の直感では，生命科学の研究の難しさの多くの部分は，人間の認知の限界に依存するという領域に踏み込みつつあるように感じている．逆に，計算機では不得意だと思われていることが，最近の人工知能の発展で，実は人間より得意である状況が生まれつつある．人工知能と人間の共同作業，つまりアドバンスト・インテリジェンス（Advanced Intelligence）が，未来の生命科学の研究スタイルのように思われる（第7講参照）[#4]．

　これは，システムバイオロジーをより押し進めていった時の，1つの未来像である．その未来像

#3　0からの一言

システムバイオロジー自体，第3講で述べた1994年に吉備高原で開催されたセミナーに講師として招かれたときの会話に始まっている．そこで，現・ワシントン大学医学部（当時・慶應義塾大学医学部）の今井眞一郎博士などと「コンピュータで生命現象シミュレーションを行う」という議論をしていた際に，同様に講師として招かれていた利根川進博士が，「それは難しいだろう」と発言したのである（まあ，御本人は，覚えているかわからないが）．そこで，利根川博士のような大御所が無理というなら，やってみる価値はあると思ったのである．これは「2001年宇宙の旅」の原作で有名なArthur C. Clarkeの未来予測の法則の第一法則に合致する．それは，「高名で老練な科学者が，何かを可能だと言えばそれはほとんど正しい．しかし，彼が何かを不可能だと言えば，その言葉はおそらく間違っているだろう」"When a distinguished but elderly scientist states that something is possible, he is almost certainly right. When he states that something is impossible, he is very probably wrong"[8]というものである．

第8講　人間の認知限界を突破するために

#4 **0からの一言**

が実現された時に，生命科学は，全く別の次元の活動となっているかもしれない．

もちろん，これは，理論物理学，計算機科学，人工知能，ロボット工学などを経て，システムバイオロジーを提唱するに至った著者の妄想であることは論を待たない．

文献・ウェブサイト

1) Kitano H：Challenges of Massive Parallelism.「International Joint Conference on Artificial Intelligence 1993」, pp813-834, 1993
2) 「Massively Parallel Artificial Intelligence」(Kitano H & Hendler JA, eds), MIT Press, 1994
3) Borisy AA, et al：Proc Natl Acad Sci U S A, 100：7977-7982, 2003
4) Ko AH, et al：Br J Cancer, 109：920-925, 2013
5) Saif MW：JOP, 15：278-279, 2014
6) http://investors.merrimackpharma.com/releasedetail.cfm?ReleaseID=844390
7) Al-Lazikani B, et al：Nat Biotechnol, 30：679-692, 2012
8) 「Profiles of the Future: An Enquiry into the Limits of the Possible」(Clarke AC), Phoenix, 1962

第8講　まとめ

> 人間の認知バイアスや
> 非構造的知識の影響などが認知限界となる．
> これを克服し，補完する人工知能の開発が必要

> 極限分類などの手法が，
> 複雑な現象の理解と解析には不可欠

> 極限分類に対応した実験系が必要．
> つまり，システムを制御するには制御対象の
> 「ばらつき」を極限まで小さくできるよう，
> 細かく分類する必要がある

> そこでテクノロジーを駆使した
> 高精度な分類により，
> より精密な個別化医療や創薬が可能となる

| 実践 |

第9講 CellDesignerによるモデル構築とシミュレーション

　第9～11講では，システムバイオロジー研究に使われるツールを取り上げていく．分子生物学の実験でプロトコルや機器の扱いを覚えなければならないように，システムバイオロジーのツールの操作方法を習得する必要がある．

　そこで本講では，前半でシステムバイオロジー研究に適した様々なツールを紹介しつつ，後半ではCellDesignerというツールを例に，モデル構築やシミュレーションの具体的なワークフローを紹介する．

計算機上（*in silico*）の ツール

システムバイオロジー研究に使われるツールと言っても色々ある．実験で網羅的あるいは精密に測定するツールや，計測されたデータからネットワークを推定するツールもある．その中で，ここで取り上げるのは，計算機上で動くツールである．

計算機上のツールには，各自PCにインストールして使うソフトウエアから，インターネットで接続して作業を行うリソースも含まれる．計算量が大きい場合は，計算処理速度の高いスーパーコンピュータでネットワークやモデルの推定からシミュレーションまで行う．「ビッグデータ」のように，膨大な情報から，何か有益な情報を引き出すマイニングツールもある．「膨大なデータ量を処理する」，「複雑なシステムの挙動を理解する」ために使われるのが，計算機上のツールなのである．

システムバイオロジー研究の ワークフロー

ツールは目的を遂行するための道具である．では，ツール利用の対象となるシステムバイオロジー研究はどのようなものなのか？ハイスループットのような網羅的な実験も，メカニズムを追う局所的な実験も，ダイナミクスを探る数理モデルも

ある．研究テーマ自体の幅は広い．

　イメージしやすいように，具体的なワークフロー例を見てみよう (図1)．第2講には，次の2つの例があげられている．

A) 大規模発現データ解析：クラスタリングなど通常解析にとどまらず，既知の相互作用ネットワーク上にデータをマップし，ネットワークの動的変化として捉え直す．発現データをもとに遺伝子制御ネットワークを推定することもある (図1左側のフロー)．

B) シミュレーションモデルを構築し，実験データを用いてモデルのパラメータを推定し，現象を再現・予測することによって，現象の背後にある動作原理を解析する (図1中央下のフロー)．

　A) の大規模発現データ解析の場合，発現データ解析ツール (例えばGeneSpringやBioconductor[2]など) でクラスタリングやパスウェイ解析をする．絞り込まれたパスウェイ上にデータをマップするツールとしては，KEGGウェブサイト[3]があり，クラスタに含まれた遺伝子データをアップして色付けする．あるいは，推定した遺伝子制御ネットワークをCytoscape[4]に取り込み，そこに時系列データをマップして，動的変化を見る．

　B) のケースでは，CellDesigner[5]やMATLABなどを使ってシミュレーションモデルをつくる．モデルの中身はミカエリス・メンテン式などの生化学反応の方程式の組合わせである．既存の文献

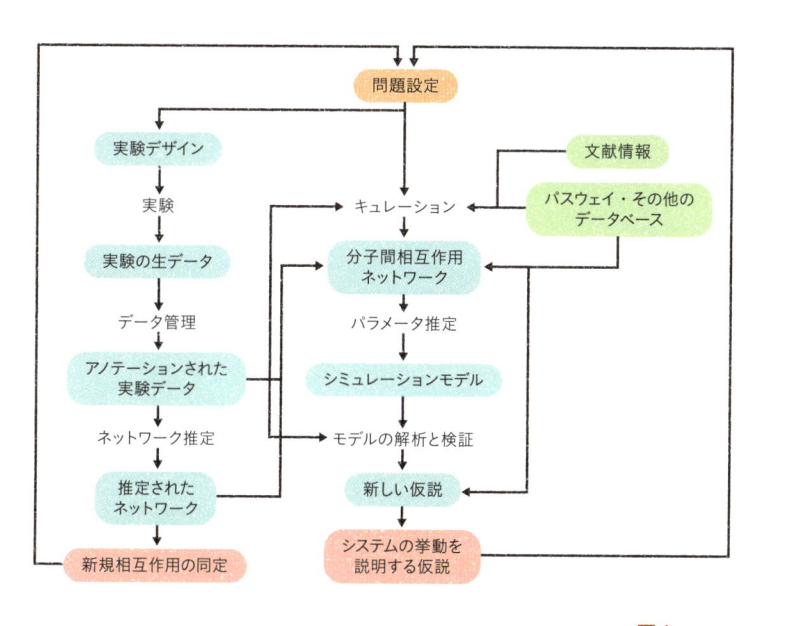

図 1
システムバイオロジー研究のワークフロー
文献 1 より.

情報などから初期値をある程度設定し，パラメータを実験データに合うように推定する．実験データが再現できない場合は仮説を見直し，ネットワークの構造や方程式を変更する．再現できた場合はそのモデルを使って，仮説とモデルから別の条件の場合の現象を予測する．

B) は，一般的にイメージされるシステムバイオロジー研究でのツールの使い方と言えよう．一方，A) は，個々のツールは特にシステムバイオロジー特有ではないが，ツールの組合わせ方に特長がある．

これがシステムバイオロジー用ツールだ！

こうしてシステムバイオロジー的研究のワークフローを見ると，実際には発現データ解析などバイオインフォマティクスのツールも多く使われている．コアなシステムバイオロジー・ツールとしては，データをネットワークで可視化して全体の関連性を見たり，シミュレーションモデルを使ってシステムの挙動を解析したりするツールがあげられる．キーワードとしては，モデル化，ネットワーク，シミュレーション，データの可視化（Visualization），データマイニング，キュレーション（Curation）等々があげられる．

システムバイオロジーでは，「システム」を考えるために，とにかく「全体像を捉えよう」とする．ネットワーク推定，シミュレーションはそういったアプローチの鍵となっている．

次の表はシステムバイオロジー用のツールをまとめたものである (表1)．

ツールが利用される研究・解析手法ごとに，それぞれツール（ソフトウエアとリソース）と，そのツールが採用している標準形式（オントロジー，ファイル形式，最小情報セット）が確認できる．

研究や解析手法が詳しく分からないうちに，このツールさえあれば大丈夫という訳にはいかないが，まずはどんなツールが使われているかを知る

	ツール		標準		
	ソフトウェア	リソース	オントロジー	ファイル形式	最小限情報
データ管理	MAGE-TAB, ISA-Tab, KNIME, caGrid, Taverna, Bio-STEER	BioCatalogue	SBO, OBO, NCBO	MGED (MAGE), PSI, MSI	MIAME, MIAPE, MIBBI, ISO, MDR, DCMI
ネットワーク推定	R, MATLAB, BANJO				
キュレーション	CellDesigner, JDesigner, PathVisio	KEGG, Reactome, PANTHER, BiGG, pathway DB, WikiPathways		SBML, SBGN-ML, CellML, BioPAX, PSI-MI	MIRIAM
シミュレーション	COPASI, SBW, JSim, NEURON, GENESIS, MATLAB, ANSYS, FreeFEM, ePNK, iNA, WoPeD, Petri Nets, OpenCell, CellDesigner (+COPASI, +SOSlib), PhysioDesigner/Flint	BioModels.net, JWS Online	KiSAO, TEDDY	SED-ML, SBRML, PNML, SBML	MIASE
モデル解析	MATLAB, Auto, XPPAUT, Bunki, ManLab, ByoDyn, SensSB, COBRA, MetNetMaker, DBSolve Optimum, Kintecus, NetBuilder, BooleanNet, SimBoolNet				
生理学モデリング	JSim, PhysioDesigner, CellDesigner (cellular modelling), FLAME, OpenCell, Virtual Physiology (produced by cLabs), GENESIS, NEURON, Heart Simulator, AnyBody			CellML, SBML, NeuroML, MML, PHML	
分子間相互作用モデリング	AutoDock Vina, GOLD, eHiTS	RCSB PDB, ZINC, PubChem, PDBbind			

表1
文献6を元に作成.いずれのツールも,ウェブで検索すればすぐにアクセス可能である.

ことは重要である.道具が分かれば,使い方を調べて習得することができる.

どんなツールがあるのか？どのツールを使うべきか？

システムバイオロジーに限らず,生物学系の*in silico*ツールでよく言われるのは,「自分の実験の解析に適したツールはどれなのか？」という問いである.このツール問題の解決策として始動した

のが，第7講で登場したGarudaプロジェクトである．研究者があれこれ探さなくても，実験データに適した必要なツールを見つけ，解析結果をまた別のツールと連携してビジュアル的にもアピールしたい，といったニーズに応えるためのプロジェクトである．Garuda Platformの実際のワークフローについては，第11講をご覧いただきたい．

CellDesignerを使ってみよう

さて，いよいよ本題である．一体どうすれば，シミュレーションやモデル構築などを行うことができるのだろうか？第4講では，Merrimack MM-121 ErbB3モノクローナル抗体開発の源流となった，Birgit Schoeberl博士の2002年発表のEGFR/MAPKパスウェイのシミュレーションモデル[7]が紹介されている．以下では，システムバイオロジーで使うマップとモデルについて，実際のサンプルを例に説明する．ソフトウェアCellDesigner[8]を用いてのマップの作成や，モデルを使ったシミュレーションの手順は，ウェブ上に用意された「CellDesigner解説マニュアル」（本講末尾にURLを記載）を参照しながら，ぜひ読者自らの手で試してみて欲しい．

パスウェイの矢印問題

　生物学の教科書に載っているパスウェイ図で分かりづらいのは，矢印である．例えば図2の場合，この矢印が何を表しているのか，酵素反応なのか，活性化かは，注釈がないと図式からだけでは分からない．パスウェイの解釈を生物学者に聞いたら，みんな違う解釈が返ってきたという話もある．

　電子回路図のように図式の意味が一意に決定していて，誰が見ても同じ解釈になる記法を生物学的パスウェイで確立できないだろうか？ 一意で決まった図が描けるということは，*in silico* で処理するときにも重要なファクターである．この目的達成のため，グラフィカル記法の標準化プロジェクト SBGN（Systems Biology Graphical Notation）[9]が立ち上げられた．SBGNでは用途に応じて3つの記法を提唱している（図3）．その1つがState Transition ダイアグラム（状態遷移図）だ．状態遷移図を描くメリットは，生化学的な詳細メカニズムを図式化できることにある．

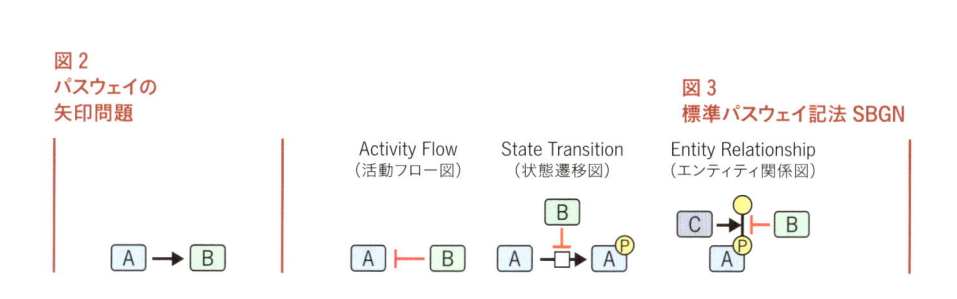

図 2
パスウェイの
矢印問題

図 3
標準パスウェイ記法 SBGN

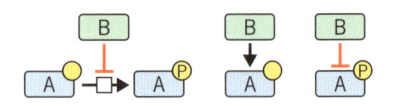

図4
状態遷移図（左）と
活動フロー図（中央，右）

第5講で紹介したディープ・キュレーションで構築される網羅的パスウェイマップでは，状態遷移を描くことを主眼としている．ただし，現実にはすべての詳細メカニズムが分かっている訳ではない．関連性だけしか分からない場合は，活動フロー図記法も混在させて記述している．記法が混在したマップでは，解釈する時に気をつけなければならない（図4）．

実際にディープ・キュレーションされたマップを見てみよう．EGFR[10]，TLR[10]，mTOR[11]シグナル伝達マップなどがあるが，ここではEGFRのマップを例にあげる（図5）#1．リン酸化のステップまで見てとれる．EGFRの論文にあるとおり[10]，ディープ・キュレーションしたマップからフィー

図5
EGFR マップの拡大図
（部分）
http://ipathwaysplus.unit.
oist.jp/R0Bne90

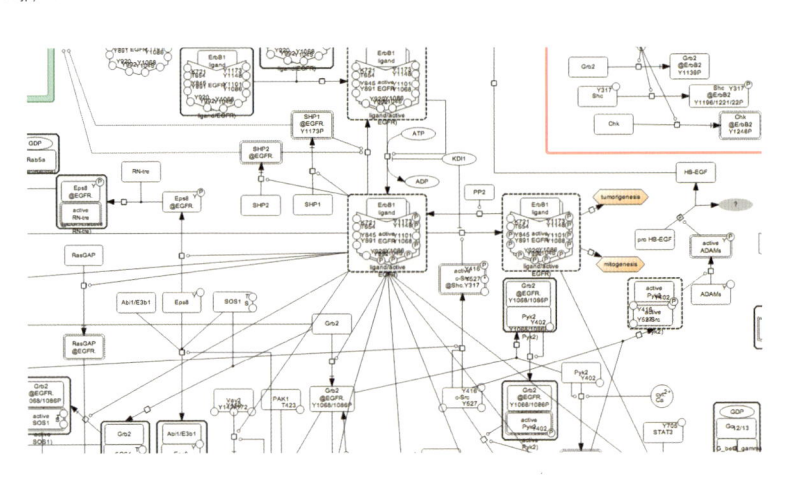

ドバックメカニズムを見つけることもできる．

一般的なパスウェイデータベース同様，網羅的マップも Payao15) やiPathways+16) といったウェブ閲覧プラットフォームから自由に閲覧できる．一方，閲覧だけではなく，研究目的にあわせてパスウェイをカスタマイズしたいという要望は多い．

CellDesignerで
パスウェイマップをつくる

マップは，使う人の目的に合わせてつくられるべきで，自らつくることで知識の集積にもなる．パスウェイマップを編集できるツールが必要だ．ここでマップづくりに利用するのは，CellDesigner 5) である．CellDesignerは，生物学的パスウェイモデルを作成し，シミュレーションを実行する機能をもつ総合的なモデリングツールである．ファイル形式としてSBML（Systems Biology Markup Language）17) を使い，グラフィカル表記の標準であるSBGNに準拠して生化学および遺伝子制御ネットワークを表現できる．

ここではCellDesignerをインストール#2し，MAPKカスケードのサンプルファイルMAPK.xmlを開いてみよう（図6．操作方法の詳細などは，前述の「CellDesigner解説マニュアル」を参照のこと）．

キャンパスの中の図や線をクリックすると，関連情報がハイライト表示される．ここで，角丸の長方形はタンパク質を，縁にかかった小さい○は

#1
∅ からの一言

疾病に特化したマップには，アルツハイマー病12)，パーキンソン病13)，インフルエンザ感染14) などもある．

#2
∅ からの一言

CellDesignerはCelldesigner.orgから各OSごとのインストーラをダウンロードしてインストールすることができる．

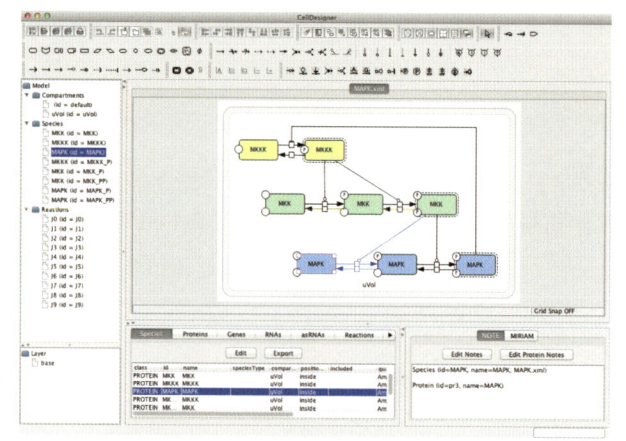

図6
CellDesignerで開いた
MAPKカスケードの
サンプルファイル

残基，丸の中のPはリン酸化を表している．

　CellDesignerでマップをつくるには，画面上部のツールバーにあるアイコンを選択するだけでよく，タンパク質やRNA，酵素反応や活性化など，SBGNの記法に則ったマップを簡便に描くことができる．

CellDesignerでマップからモデルを構築する

　実はMAPKカスケードのサンプルファイルは，シミュレーションができるようにKineticLaws，すなわち反応式などが埋め込まれている．矢印の1つをクリックすると，画面下のReaction一覧に，KineticLawsが指定されているのが分かる．さらに右クリックメニューからKineticLawエディタを開くと，式の構成をチェックできる（図7）．
　式の他に，各タンパク質の初期値や，単位指定，

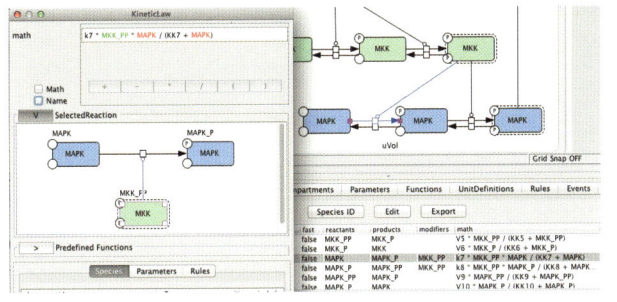

図7
Reaction 情報（下）と KineticLaw ダイアログで，選択した Reaction の式構成をチェックしているところ

ルールなど指定する必要はあるが，このように CellDesigner を使ってモデルを簡単に組み立てられること，また ODE ソルバ〔KineticLaw に指定された反応式（常微分方程式）を解くツール〕が実装されていることから，シミュレータを別に用意する必要もなく，CellDesigner のメニューから簡単にシミュレーションを実行できるので便利だ（図8）．

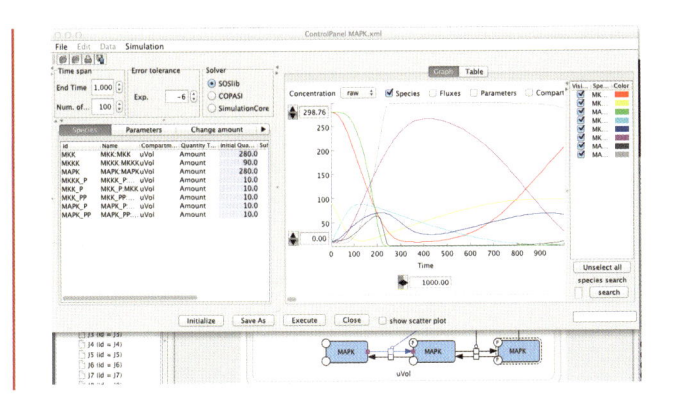

図8
MAPK モデルを Control Panel でシミュレーションしたところ

第9講　CellDesigner によるモデル構築とシミュレーション　　**155**

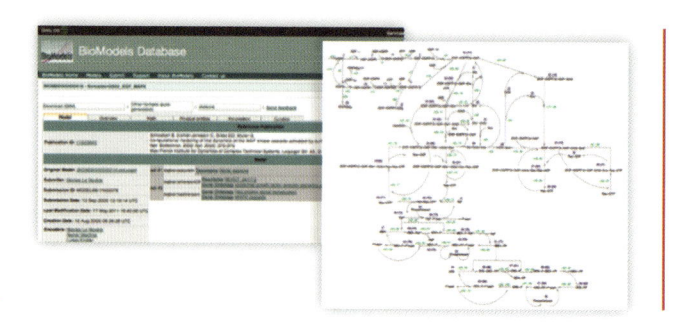

図9
BioModels.net と
Schoeberl のモデル

CellDesignerで
シミュレーションする

　次に，これらのモデルから実際に図7のようにシミュレーションする方法を概説する．Schoeberlモデルをはじめ，SBML（第7講も参照）ファイル形式で論文発表されたシミュレーションモデルはEBI（European Bioinformatics Institute）が管理しているBioModelsデータベース（http://www.ebi.ac.uk/biomodels-main/）18) に登録されている（図9）．

図10
BioModels から
ダウンロードした
Schoeberl のモデルを
CellDesigner で開く
右側のリストは Reaction 一覧．Reaction の1つをクリックすると，KineticLaw が確認できる（右下）．

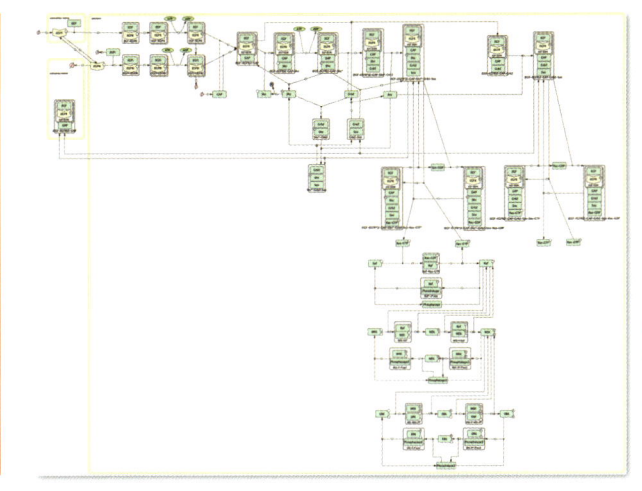

**図11
Schoeberl のモデルを
CellDesigner で
レイアウトし直した
モデル**
メカニズムが
分かりやすくなっている．

　BioModelsには，論文とモデルが掲載されているだけでなく，モデルの詳細情報として各Reactionの反応式やパラメータなどがまとめられている．また，SBMLやBioPAX[19]などのファイル形式でモデルをダウンロードできる．

　CellDesignerでは，メニューからBioModelsに登録されたモデルファイルを直接ダウンロードすることが可能だ（図10, 11）．

シミュレーションモデルのパラメータ推定

　ここで，1つ注意しなければいけないことがある．生化学反応の速度論的な式を各反応に埋め込めたとしても，それぞれの反応のパラメータは不明なことが多い．よって，シミュレーションモデルの挙動を実際の実験結果に近付けるには，パラメータを推定する必要がある．手動でパラメー

タの値を振ってモデルの挙動を変えていくこともできるが，パラメータ推定の機能があるソフトウエア（COPASI [20]やMATLAB [21]）など）を使うことが多い．COPASIやMATLAB（SimBiology）はSBMLファイル形式をサポートしているので，CellDesignerで作成したモデルを読み込める．これらのソフトウエアでは，実験データとモデルの挙動がどれだけ合致しているか評価する関数（評価関数）が用意され，評価関数が最小あるいは最大になるようにパラメータを最適化（optimization）する手法を用いてパラメータを推定する．

マップやモデルを一層活用するために

では，公開されているマップやモデルを利用して，実際の実験データの解析にどのように役立てることができるのか？ CellDesignerを中心にマップやモデル編集やシミュレーションツールなどを見てきた訳だが，実験データのパスウェイ上へのマッピングなど，他にもマップ・モデルを使った様々なデータ解析の手法を行うツールは多い．しかし，すべてを一括して行えるソフトウエアやサービス，アプリケーションは少ないのが実情ではある．ではどうするのか？ その答えこそが，われわれが開発を進めてきたGarudaプロジェクトである．本講の最後に，GarudaPlatformを使った統合解析の実例を2つ紹介する．1つはCellDesigner上

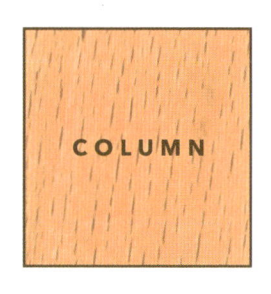

COLUMN

先ず隗より始めよ．先ずエクセルより始めよ．

ソフトウエアとしてみれば，MS OfficeやOpenOfficeなどの事務用ソフトはよくできている．事務用ソフトは，生物学系で使われているソフトには比べものにならないほど膨大かつ多様なユーザが利用している．そのため，機能も豊富で，使い勝手も洗練されている．さらに，データ管理から，計算，グラフ作成など，様々な機能やソフト間で連携して作業できるように作業フローや効率も考慮されている．

一方，生物学系で使われるソフトは，事務用ソフトに比べればユーザフレンドリーでない（使いにくい）ものが多い．使いにくいものを無理に使おうとする前に，使いやすいものを使いこなして，ソフトウェアの基本的な機能やユーザインタフェースの基本ルールを習得したほうが，応用範囲が楽に拡がるはずだ．実験データをエクセルに入れている人は多いと思うが，データ入力シートと集計シート，グラフ化するシートを全部別々のファイルにして，コピペしたりしていないだろうか？

様々な計算機上のツールを使いこなすために，まずは，データ管理のエクセルから，使い方を工夫し，徹底的に使いこなしてみることをお勧めする．

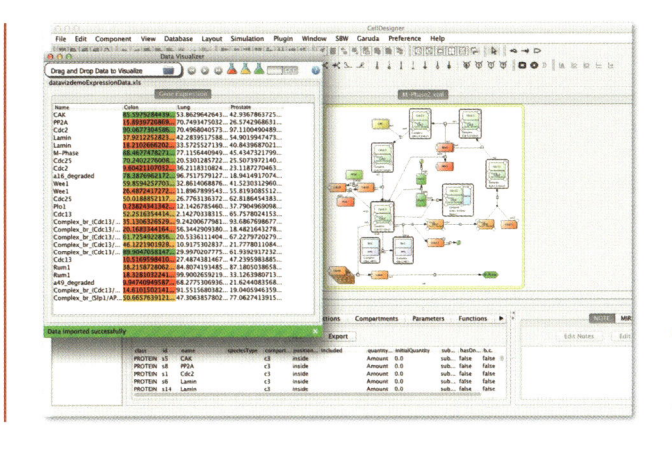

図12 CellDesigner で開いたマップ上に，実際の実験データをマッピングした例

に開いたマップ上に，実際の実験データをマッピングした例である(図12)．また，文献情報をもとにCellDesignerで構築したマップを，Cytoscapeのネットワークに変換し，Cytoscapeの各種プラグインを使ったネットワーク解析も行える(図13)．こうしてできたモデルは，創薬のバリデーションや新たなフィードバック機構の推定などに役立つ．

ぜひ前出のマニュアルや第11講も参照して実際にツールを使ってみてほしい．

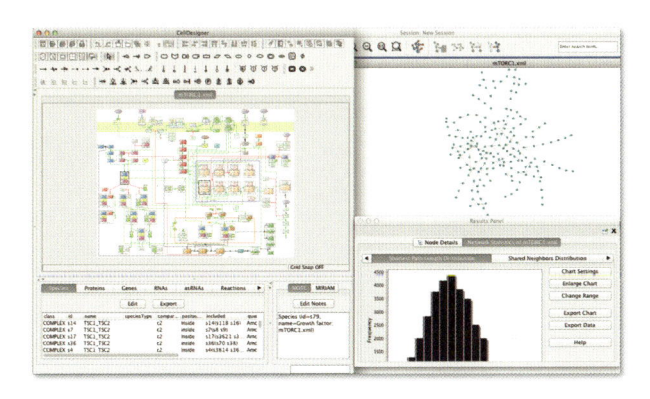

図13 mTOR パスウェイを Cytoscape に取り込み，ネットワーク解析を実施した例

第9講 CellDesigner によるモデル構築とシミュレーション

文献・ウェブサイト

1）Ghosh S, et al：Nat Rev Genet, 12：821-832, 2011
2）Bioconductor：http://www.bioconductor.org/
3）KEGG：http://www.genome.jp/kegg/
4）Cytoscape：http://cytoscape.org
5）CellDesigner：http://celldesigner.org
6）IMI Ongoing Projects：http://www.imi.europa.eu/content/ongoing-projects
7）Schoeberl B, et al：Nat Biotechnol, 20：370-375, 2002
8）Funahashi A, et al：Proc IEEE, 96：1254-1265, 2008
　　CellDesigner：http://celldesigner.org
9）Le Novere N, et al：Nat Biotechnol, 27：735-741, 2009
　　SBGN：http://sbgn.org
10）Oda K & Kitano H：Mol Syst Biol, 2：2006.0015, 2006
11）Caron E, et al：Mol Syst Biol, 6：453, 2010
12）Mizuno S, et al：BMC Syst Biol, 6：52, 2012
13）Fujita K A, et al：Mol Neurobiol, 49：88-102, 2014
14）Matsuoka Y, et al：BMC Syst Biol, 7：97, 2013
15）Matsuoka Y, et al：Bioinformatics, 26：1381-1383, 2010
　　Payao：http://www.payaologue.org
16）iPathways+：http://www.ipathways.org/plus/
17）Hucka M, et al：Bioinformatics, 19：524-531, 2003
　　SBML：http://sbml.org
18）Le Novère N, et al：Nucleic Acids Res, 34：D689-D691, 2006
　　BioModels.net：http://biomodels.net/
19）Demir E, et al：Nat Biotechnol, 28：935-942, 2010
　　BioPAX：http://biopax.org/
20）Hoops S, et al：Bioinformatics, 22：3067-3074, 2006
　　COPASI：http://www.copasi.org/
21）MATLAB SimBiology：http://www.mathworks.co.jp/products/simbiology/

CellDesigner 解説マニュアル

・第 1 章「CellDesigner の概要」
　http://sbi.jp/tutorial/cdbookj/Chp01_j_Overview.pdf
・第 2 章「パスウェイマップの構築」
　http://sbi.jp/tutorial/cdbookj/Chp02_j_BuildingPathwayMap.pdf
・第 4 章「SBGN と CellDesigner」
　http://sbi.jp/tutorial/cdbookj/Chp04_j_SBGN_CD.pdf
・第 5 章「数理モデルの構築とシミュレーション」
　http://sbi.jp/tutorial/cdbookj/Chp05_j_Model%20and%20Simulation.pdf

第 9 講 | まとめ

> システムバイオロジー用の *in silico* ツールとして，
> モデリング，シミュレーション，
> キュレーションなど独自の機能を持つものが
> 多数公開されている

> なかでも CellDesigner は，
> 生物学的なパスウェイのマップやモデルの構築，
> シミュレーションまでが可能な
> 総合的なツールである

実践

第10講
PhysioDesignerによる生理機能の多階層モデル構築とシミュレーション

#1
0からの一言

PBPKモデルとは，薬物クリアランスの観点から構築した肝臓・腎臓・腸・肺など各臓器モデルを血流で結合して，薬物の全身動態を記述するモデルである1).

　本講では，第9講のシステムバイオロジー用ツールをまとめた表中で生理学モデリングのツールの1つとして紹介されているPhysioDesignerの利用例を解説する．生理学的薬物速度論（Physiologically Based Pharmacokinetic：PBPK）モデル[#1]を用いて薬物代謝酵素の誘導によって引き起こされる薬物間相互作用の予測を試みた研究事例から，PhysioDesignerを用いた実際の多階層的な生理機能モデリングのワークフローを感じとっていただきたい．

PhysioDesignerでは階層的なモデル構造を作成できる

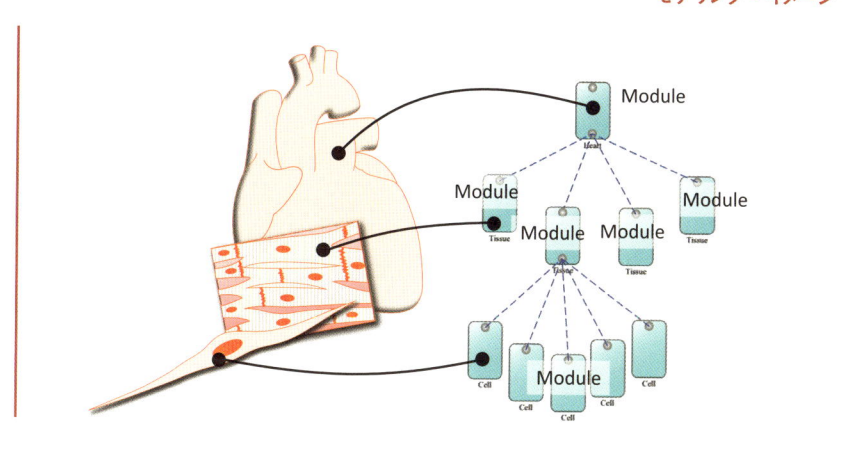

　PhysioDesignerの概要から説明しよう．PhysioDesignerではモデリング対象をモジュールとして扱い，複数のモジュールの集合を一階層上位概念のモジュールとして扱うことにより，階層的な構造をモデル内で表現する．例えば，1つの「細胞」をモジュールとして扱い，細胞の集合である「組織」を1つのモジュール，さらにその集合として「臓器」を1つのモジュールとして扱うことで，モデルの構造をデザインできる（図1）．

　各モジュールにおいて化合物やイオンの濃度，あるいは膜電位といった物理量は"physical quantity"としてモジュール内に定義され，それらのダイナミクスは明示的に微分方程式などの数式で定義することになっている．当然，あるモジュールの中で，他のモジュールに定義されてい

図1
PhysioDesigner上でのモジュール構造を用いたモデリング・イメージ

第10講　PhysioDesignerによる生理機能の多階層モデル構築とシミュレーション　　**163**

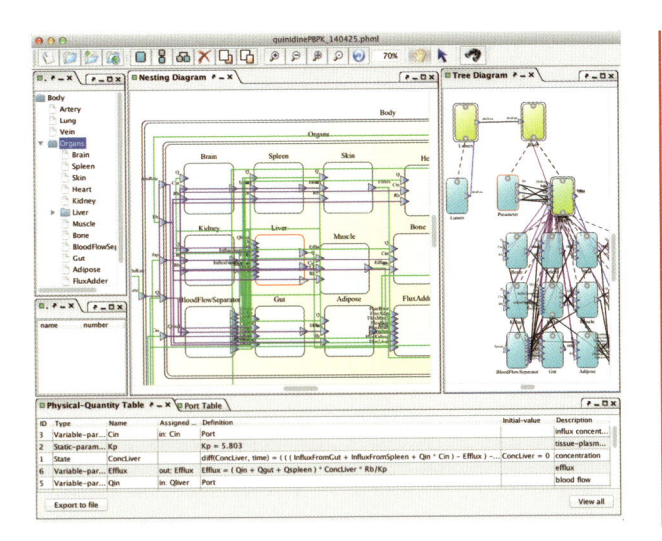

図 2
PhysioDesigner の
メイン・ウィンドウの
スクリーンショット

るphysical quantityの値を参照したいという状況が起こる．この時には，エッジで2つのモジュールをつなぐことにより，値の授受を定義する．つまり，モデルの構造は木構造で階層化され，機能的にはネットワーク構造としてデザインされることになる．PhysioDesigner上ではこのモデリングプロセスを視覚的に進めることができる．図2にPhysioDesignerのモデル作成キャンバスのスクリーンショットを示す．

　PhysioDesigner上で作成されたモデルはPHML（Physiological Hierarchy Markup Language）というXML言語で保存される．PHMLはモジュールのネットワーク構造などを記述しやすいように設計されている．また，シミュレーションはPhysioDesignerと並行して開発されているシミュレータFlintにより実行される．Flintは

PHMLで書かれたモデルの他，SBMLで記述されたモデルにも対応している．また，後述するSBML-PHMLハイブリッドモデルのシミュレーションも実行することができる．PhysioDesignerとFlintはともにhttp://physiodesigner.orgから無料でダウンロードすることができるので，読者諸氏で生理機能のモデリングに興味をお持ちの方はぜひ一度試していただきたい．

PhysioDesignerによる薬物相互作用モデリング

さて，では実際にPhysioDesignerを用いて作成した薬物間相互作用のモデルを紹介しよう．ここで取り上げるモデルはわれわれが2013年にPLoS One誌に発表したモデルである[2]．

このモデルを構築する際，PhysioDesignerのSBML-PHMLハイブリッド・モデリング機能を利用するので，まず簡単にこの機能について説明しておく．SBMLは前講までに出てきたように，マップモデルの記述に使用されるモデル記述言語であり，既述のように遺伝子発現，タンパク質間相互作用などをモデルとして記述するのに優れている．このSBMLで書かれたモデルを丸ごとPHMLのモジュールにインポートしてしまおう，というのがSBML-PHMLハイブリッド・モデリングである．PHMLで書かれたモデルでありながら，SBMLモデルをインポートした1つの

モジュールがマップモデルを表現することになる．これにより，SBMLとPHMLそれぞれの長所を生かしながら，細胞内現象，細胞以上のレベル（組織や臓器など）の現象という多階層な生理機能のモデルを構築することができる．

　本題に戻る．抗生物質であるリファンピシンを併用すると，アルプラゾラムなどCYP3A4基質薬物の投与後血中濃度は単独投与時ほど十分に上昇しないという現象が知られている[3]．これはリファンピシンにより，薬物代謝酵素の1つであるCYP3A4が誘導されることにより，その後に投与されたCYP3A4基質薬物の代謝が促進されることによると考えられる．Cytochrome P450（CYP）は薬物などの酸化的代謝を担う主要な酵素ファミリーで，18個のファミリーからなり，ヒトゲノム中には50種類を超える遺伝子が見つかっている．その中でもCYP3A4は最も重要な酵素であり，市販薬の約30％の肝代謝に関与すると報告されている[4]．それゆえ，われわれはCYP3A4の発現誘導と薬物動態とを組合わせてモデリングを行い，シミュレーションすることが薬物相互作用の背後で起きているメカニズムの理解に重要であると考えた．

　われわれはまずヒト肝細胞にリファンピシンを作用させた時の，CYP3A4のmRNAの転写および酵素活性の変動に関するデータを収集し，リファンピシンによるCYP3A4発現変動に関する動的

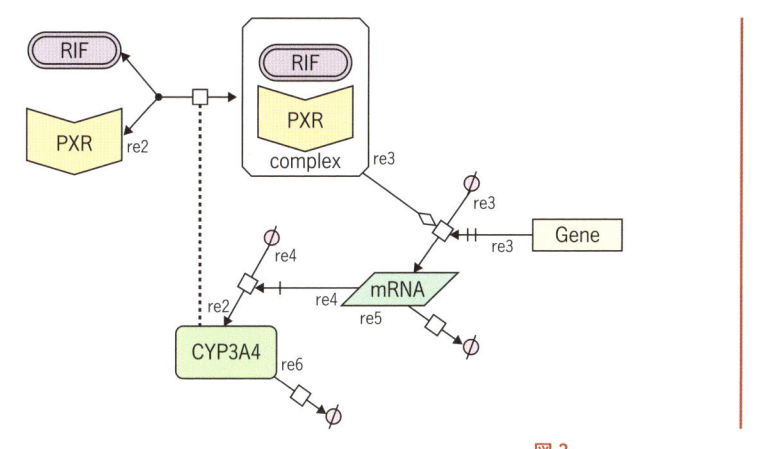

モデルをCellDesignerを用いて構築した（図3）．このモデルはSBMLで記述されている．リファンピシンは核内受容体（PXR）と結合することがよく知られており，このモデルでは受容体との結合後にCYP3A4のmRNAの転写過程が活性化され，結果としてCYP3A4の発現量が増加するプロセスが再現されている．

次に，全身の薬物動態のモデリングである．経口投与された薬物は消化管から吸収され，循環血に乗って各臓器に運ばれ分布し，肝臓や腎臓などの消失臓器で代謝や排泄を受けて体内から消失する．その過程を生理学的薬物速度論（PBPK）モデルを用いたシミュレーションにより推定しようという取り組みが近年進められている．この研究において，われわれはリファンピシンならびにアルプラゾラムに関して，肝臓のみを考慮した簡略なPBPKモデルをPhysioDesigner上で構築し各薬物

**図3
リファンピシンが関与する
CYP3A4 発現プロセスの
SBML モデルの
ダイアグラム**
CellDesigner を用いて作成した．

の体内動態を検討したが，肝臓の他の臓器も考慮に入れた一般化したPBPKモデルを構築することももちろん可能である．

　各臓器モデルには生理学的・解剖学的・生化学的な様々なパラメータが設定される．PhysioDesigner上でこのようなPBPKモデルをモジュールのネットワークとして表現する形式は一通りではないが，例えば各臓器や動脈，静脈をそれぞれ1つのモジュールとして表現することができる．

　各臓器モジュールには，薬物の組織血液間分配比や組織固有クリアランスなどで規定される薬物濃度のダイナミクスが定義される．例えば薬物の消失がない臓器では，血流による薬物の流入出量の差分を臓器の体積で割ることで薬物濃度変化が得られるので，以下の式が導かれる．

$$\frac{dC_{organ}}{dt} = \frac{influx - efflux}{V}$$
$$influx = Q \cdot C_{in}$$
$$efflux = Q \cdot \frac{C_{organ}}{K_B}$$

ここでC_{in}，C_{organ}はそれぞれ動脈血ならびにその臓器における薬物濃度，Vは臓器体積を表す．influx，effluxはそれぞれ単位時間あたりに臓器に流入出する薬物量であり，血流速度Qに動脈血あるいは組織静脈血中薬物濃度を掛けることで

算出される．なお，組織静脈血中濃度は，C_organ を組織血液間分配比 K_B で除すことで得られる．実際には，これに加えて各臓器特有の要素を考慮する必要がある．例えば，腸における薬物の吸収，肝臓における代謝による消失や脾臓や腸からの流入，あるいは腎臓における糸球体からの濾過などである．さらに，各臓器における細胞内外の薬物濃度を考慮するなど詳細化・複雑化することも可能である．そのような場合，PhysioDesigner 上であれば基本的なモジュール構造はそのままに各臓器を階層的に詳細化することができる．

PhysioDesigner による多階層薬物動態シミュレーション

ここではリファンピシン併用時におけるアルプラゾラムの体内動態変動，すなわち薬物間相互作用を予測したい．PBPK モデルに使われるパラメータの値は薬物により異なるため，リファンピシンとアルプラゾラムそれぞれについての動態を観察するには，それぞれの薬物に対応したパラメータをセットした2種類の PBPK モデルを構築することになる．ただし，基本的にはモデルの構造は同じでパラメータを調整するだけでよい．そして，リファンピシンに関する PBPK モデル中の肝臓における遊離薬物濃度を，前述した CYP3A4 発現モデルに入力し，その CYP3A4 の発現量をアルプラゾラムに関する PBPK モデルの肝臓における

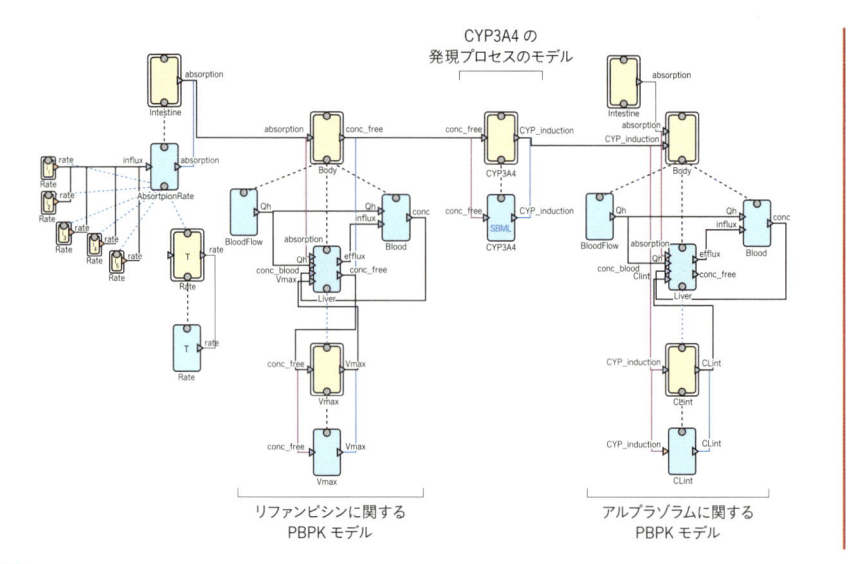

図4
リファンピシンと
アルプラゾラムに関する
PBPK モデルを
CYP3A4 発現モデルを
介して関連付けた
薬物間相互作用推定
モデルのダイアグラム
PhysioDesigner を用いて
作成した．

代謝過程に反映させることで相互作用をモデルに組込むのである．この時に，SBMLで書かれているCYP3A4発現モデルをPhysioDesigner上でモジュールに取り込み，モジュールネットワークの一部として活用する．図4の左右2つのPBPKモデルの間をつないでいるモジュールがこれにあたる．

図5に臨床試験データとシミュレーションから得たアルプラゾラムの血中濃度プロファイルを示す．青色の曲線がリファンピシンが存在しない時，赤色の曲線がリファンピシン投与後にアルプラゾラムを投与した場合の濃度プロファイルである．シミュレーションにより非常によく再現されていることが分かる．なお，ここで用いたわれわれのモデルは，Physiome.jpのデータベース（http://physiome.jp/phdb/index.html）で管理され

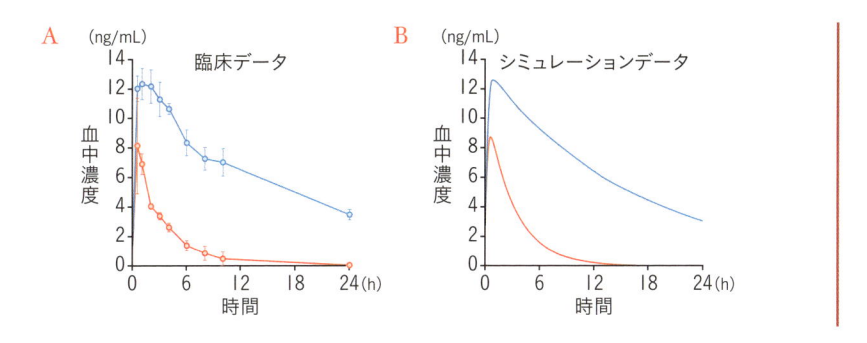

ているModel DatabaseにID796として登録され公開されている．そこからダウンロードすればPhysioDesignerやFlintを用いて手軽に編集したりシミュレーションしたりすることができる．なお実際の操作については，先述した本ツールのウェブサイトの"DOCUMENTS"内の解説なども参照されたい．

図5
リファンピシン併用（赤）・
非併用時（青）の
アルプラゾラムの
血中濃度プロファイル
A）臨床データ，
B）シミュレーションデータ．

PhysioDesignerとCellDesignerによる共同モデリング

最後に，モデリングに関する少々技術的な側面についても触れておこう．CellDesigner上で作成されたCYP3A4モデルをPhysioDesigner上でモジュールにインポートする際に，モデルをCellDesignerからPhysioDesignerに直接転送できれば便利である．実はこのようなアプリケーション間連携はGaruda Platformが通信を介在することで実現できる．Garuda Platformを介した通信では，実際にはCellDesignerはPhysioDesignerと直接通信せず，Garuda

Platformに対して「PhysioDesignerにこのモデルを転送したい」というリクエストを送ることになる．するとGaruda Platformがそのリクエストに従ってPhysioDesignerにモデルを送信するのである．ユーザーから見れば，CellDesignerがPhysioDesignerにモデルを転送したように見える．当然，モデルを送受信する双方のアプリケーションがGaruda Platformに対応している必要があり，CellDesignerとPhysioDesignerはすでに対応している．この方式だと，Garuda Platformがハブとなることで，Garuda Platformに対応している任意のアプリケーション間で相互に通信しあうことができるようになるのである (第7講の図2参照)．

　Gruda Platformについては次講で詳しく解説している．ぜひ，色々なアプリケーション間の連携を試していただきたい．

文献

1) Iwatsubo T, et al：Biopharm Drug Dispos, 17：273-310, 1996
2) Yamashita F, et al：PLoS One, 8：e70330, 2013
3) Schmider J, et al：Pharmacogenetics, 9：725-734, 1999
4) Zanger UM & Schwab M：Pharmacol Ther, 138：103-141, 2013

第10講 | まとめ

> PhysioDesignerでは，
> 「細胞」「組織」「臓器」などの生理機能を
> "モジュール"として作成・つなぎ合わせることで
> モデル化し，シミュレーションすることができる

> モデルは，データベースから
> ダウンロードして編集したり，
> シミュレーションに用いたりできる

実践

第11講
Garuda Platformによる統合データ解析

0からの一言 #1

本講ではGaruda 1.1 beta public版を元に説明を行っている．
http://www.garuda-alliance.org/newstopics/garuda-1-1-beta-public-release.html

　第7講で紹介した情報プラットフォーム「Garuda Platform[#1]」は，情報／データ解析の統合基盤として開発された．ユーザはまず「ダッシュボード」をGaruda Gatewayからダウンロードする．このダッシュボードには，あらかじめいくつかプリセットのガジェット（アプリ）が含まれているが，他に利用したいガジェットがあれば，随時Garuda Platformのオンラインガジェットストアである Garuda Gatewayにアクセスして，ダッ

シュボード上にダウンロードして利用することができる．

第9講，第10講でも，Garudaのプラットフォームを使ったワークフロー例を紹介したが，本講では，実際にガジェットを用いて，Garuda Platformをどのように研究現場で利用できるのか，具体的に遺伝子リストからパスウェイ解析を行うワークフローを例に紹介する．

Garuda Platformを使った解析：
遺伝子リストからパスウェイへ

実験で同定された遺伝子リストから，その遺伝子が関連するパスウェイを探索したい場合を考えてみよう．現在，様々なツールやサービスがパスウェイ解析・表示機能を提供している．どのツールや解析方法がよいのか？用意するデータはどのようなアノテーションが必要なのか？ツールや解析方法によって，Entrez Gene ID，Gene Symbol，Ensembl ID[1]など，用意するデータの形式が異なるのも頭痛の種だ．Garudaのガジェットの1つであるNandiは，このような問題の解決を支援する，ファイル形式とデータの内容によって利用できるガジェットを見つけてくれるツールである．

まずNandiの［Load Sample Files］からサンプルファイルとして用意されている遺伝子リストEnsambleGenelist.txt（または.csv）を使っ

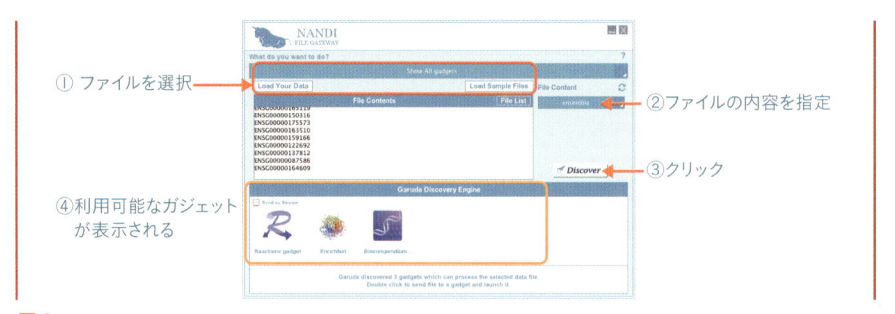

図1
データから利用できるガジェットを発見してくれるNandiガジェット

① ファイルを選択
② ファイルの内容を指定
③ クリック
④ 利用可能なガジェットが表示される

て説明しよう．このリストには，Ensembl IDで遺伝子が記述されている．このファイルをNandiで開き，[File Content]でensemblを指定し，[Discover]機能で見つけたガジェットから，bioCompendium (http://biocompendium.embl.de/) ガジェットを選択する (図1)．ファイルのデータは自動的にbioCompendiumに送られ，KEGG Pathway IDが付与される (図2)．付与されたKEGG Pathway IDを使って次の解析を行うガジェットを探すには，bioCompendiumガジェット上にあるGarudaの[Discover]ボタンを押せばよい．するとiPath (http://pathways.embl.de/) というガジェットが見つかる．iPath[2) 3)] はKEGG Pathway IDをもとに，対象とする分子が代謝パスウェイ全体のどの部分にあたるのかを表示できるウェブサービスだ．Pathway IDがiPathガジェットに送られ，Visualize (表示) したいIDをガジェット上で選択，クリックすると，iPathのウェブサイトが開いて，指定したIDに関連する部分がパスウェイ上でハイライト表示される (図3)．

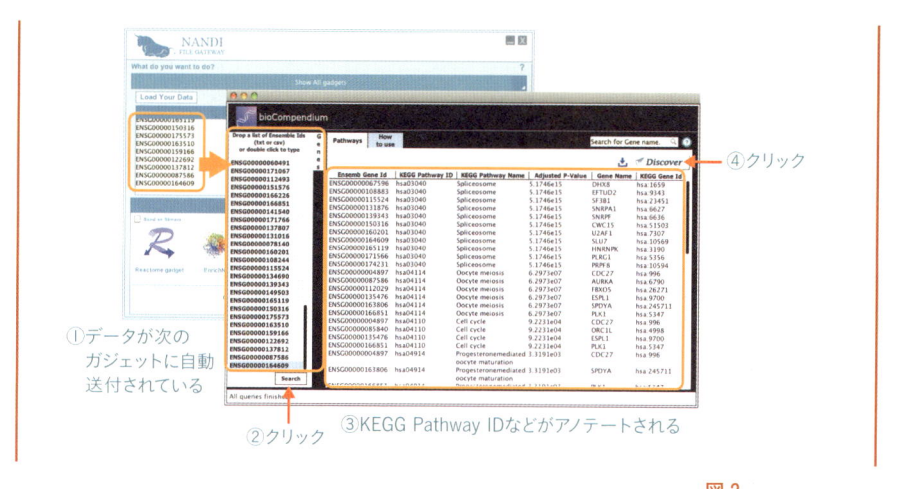

図2
bioCompendiumに
データを送り，
KEGG IDを
アノテートする

　このように，GarudaではGarudaでは解析したいデータ形式に応じて使えるガジェットを「発見」し，解析結果データをリレー送信しながら，次々に解析を進めることができる「ナビゲート」機能を兼ね備えている．あらかじめ決められたワークフローに沿って解析するのではなく，解析結果によって次の解析手法を色々試せるのも利点だ．

ターゲットのパスウェイを統合する

　他のガジェットでも試してみよう．ここでは，遺伝子リストから同定された関連パスウェイを自分用にカスタマイズするワークフローを紹介する．まず，Nandiからサンプルの遺伝子リストGeneSymbols.txtを開き，Panther（http://www.pantherdb.org/pathway/）4) 5)ガジェットにデータを送る．Pantherガジェットは，Gene，Family，

第11講　Garuda Platformによる統合データ解析　　**177**

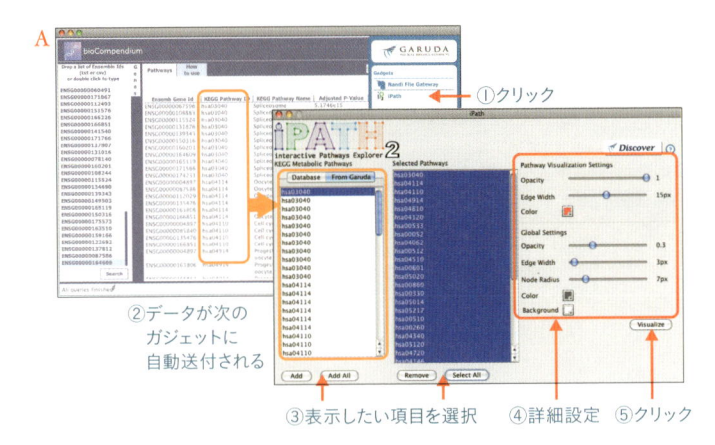

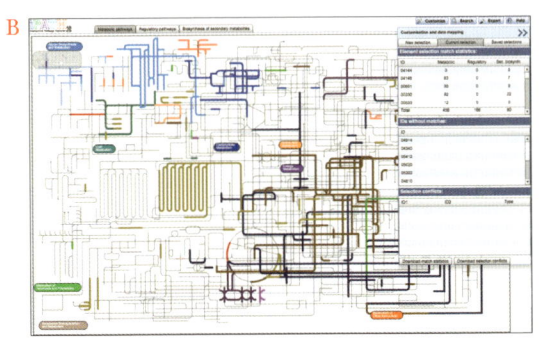

図3
遺伝子リストより
アノテートされた
KEGG ID から
パスウェイ上に表示した
様子（A）と
アノテートされた
KEGG ID（B）

Pathway，GO（Gene Ontology）カテゴリーなどの情報を集めて表示するツールである．Pathwayのタブから，編集したいPathwayを選んで［Discover］ボタンをクリックし，CellDesigner（http://celldesigner.org/）6) を選んでパスウェイを表示させる．同様に複数のパスウェイをPantherガジェットからCellDesignerに送った後で，Merge Modelsガジェットを使えば，複数パスウェイをマージすることができる（図4）．

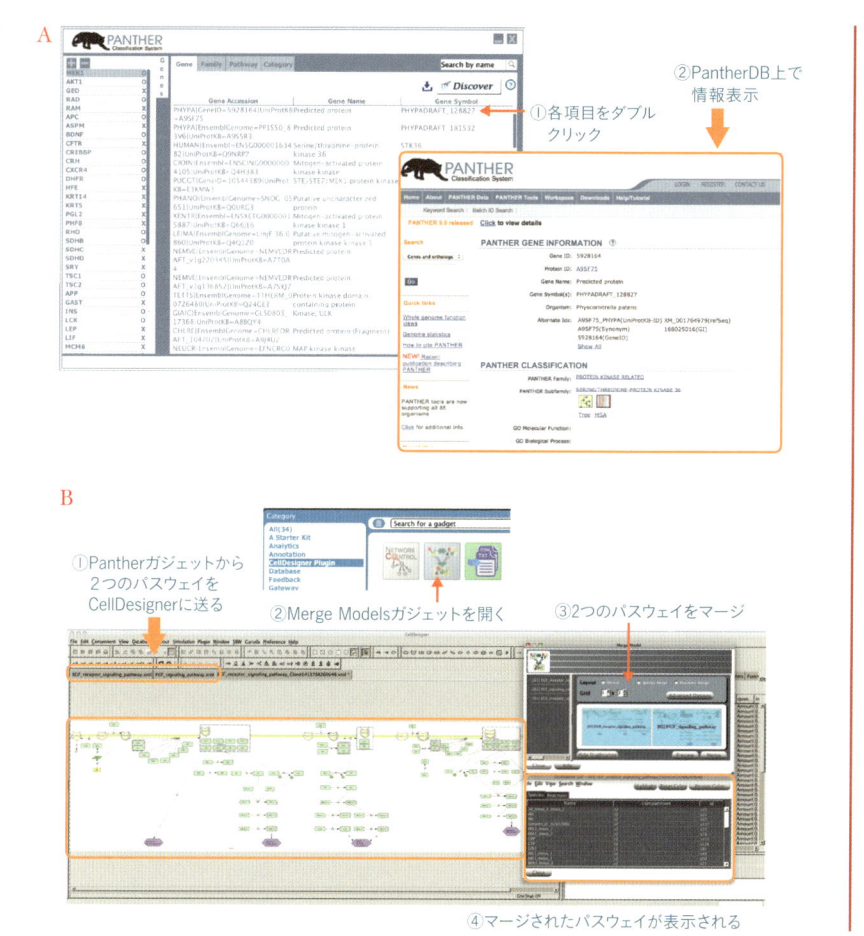

マージしたパスウェイは，CellDesigner上でカスタマイズ編集できる．さらに，Cytoscape（http://cytoscape.org/）にパスウェイデータを送って，ネットワーク解析を行うことも可能だ．

図 4
Panther DB から
パスウェイモデルを
CellDesigner に
ダウンロード，
複数モデルを統合する

第 11 講 Garuda Platform による統合データ解析 | 179

分子レベルのモデリングから生理レベルのモデリングへ

前講のPhysioDesigner（http://physiodesigner.org/）[7]の解説にあるとおり，生理機能モデルの1モジュールとして，CellDesignerで作成したシミュレーションモデルを埋め込むことも，Garudaを使えば中間作業としてのファイルの保存，インポートなどの作業を省略することができる．統合したモデルは，Garuda対応のFlintでシミュレーションも可能だ．

センサーやデバイスもつなぐGaruda Platform

ここまでは，*in silico*ツールの連携としてのGaruda Platformを紹介してきたが，Garuda Platformはソフトウエアやデータベースの連携だけでなく，センサーや計測デバイスからのデータを直接取り込むことも可能だ．例えば，PC付属のカメラなどを使って顔写真を撮り，画像から映っている人の感情を解析する（図5）．あるいは，プログラム可能なモーションセンサーをGarudaに対応させて，センサーで取得したデータを即時にGarudaのモーションデータ解析ガジェットに送信し，モニタリングとデータ解析を行うことができる（図6）．実験系で使うようなセンサー類や測定機器はもちろん，スマートウォッチやリストバン

①PC付属のカメラで顔写真を撮影　②写真データの表情から，ハッピー，悲しそうなどのムードを解析

図5
画像取得と
機械学習システムを
連動した，
人の表情からの
ムード解析

ドなどのウェアラブルデバイスにも対応できる．こういったセンサーやデバイスからのデータを瞬時に取り込み，一括してデータ解析を行う専用ガジェットを開発することも可能だ（図7）．

Garuda Platform自体は，ツールの対応が進めばどのようなデータ解析にも利用範囲を広げられる．今後投入されるマシンラーニングや自然言語処理などの人工知能モジュールを利用した高度な解析，さらにはGalaxyなどをはじめとするゲノム系解析ツールとの連携も可能である．さらに，

プログラム可能なワイヤレス
モーションセンサー

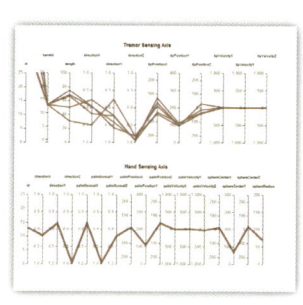

震え感知のモニタリングと解析

図6
モーションセンサーで
手の震えを感知し，
震えデータをその場で
送信，監視と解析を
同時に行える

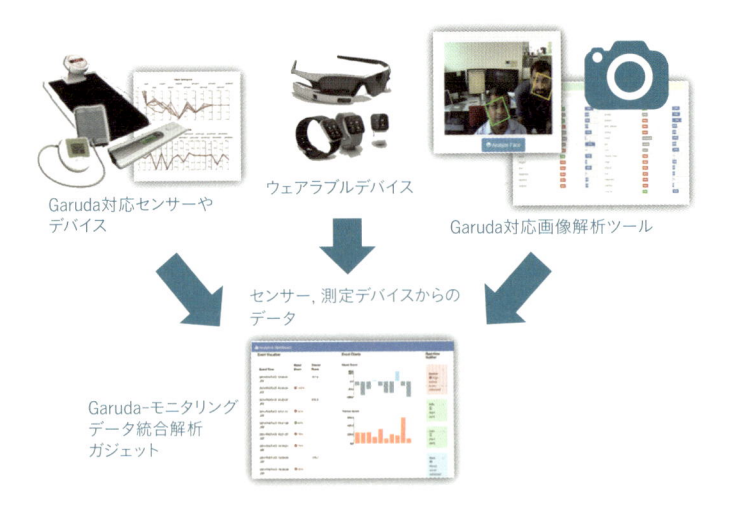

図 7
Garuda 対応の
各種センサー，デバイスで
取得したデータの
統合モニタリング・解析

0 からの一言 #2

ツールをGarudaから[Discover]あるいは[ナビゲート]するには，6つのGaruda APIメッセージを実装すればよい．ユーザが使いやすいように新たなユーザインタフェースをガジェットとして開発することもできる．

　臨床データとゲノム解析データをつないだ統合解析もGaruda Platformの仕様を考えれば実現できる．

　現時点ではGaruda対応のガジェット数は限られているが，Garudaはオープンプラットフォームである．開発者が自分たちの用意したツールやサービスを使えるようにGaruda APIに対応し，ガジェット化すれば，データの受け渡しがスムーズになり，ユーザにとっては利便性が上がる．自分の開発したツールをGaruda対応にするのは比較的簡単な作業で対応できるようになっている#2．今後は，Rスクリプトなどへの対応も予定されている．こんなガジェットが欲しい，あるいは自分のツールをGaruda対応にしたいなど，Garudaプラットフォームに興味のある方は，筆者らまでコンタクトしてほしい（info@sbi.jp）．

そして，システムバイオロジーが切り拓く新しい研究のスタイルを少しでも身近に感じていただきたいと願っている．

文献

1) Flicek P, et al：Nucleic Acids Res, 42：D749-D755, 2014
2) Letunic I, et al：Trends Biochem Sci, 33：101-103, 2008
3) Yamada T, et al：Nucleic Acids Res, 39：W412-W415, 2011
4) Mi H, et al：Nucleic Acids Res, 41：D377-D386, 2013
5) Mi H & Thomas P：Methods Mol Biol, 563：123-140, 2009
6) Matsuoka Y, et al：Methods Mol Biol, 1164：121-145, 2014
7) Asai Y, et al：Conf Proc IEEE Eng Med Biol Soc, 2013：5529-5532, 2013

第11講 まとめ

> Garuda Platform を使えば，
> 遺伝子リストからのマッピングなどを
> プログラミングの知識なしに行える

> Garuda Platform では
> 様々な形式のデータを取り扱うガジェットが連携し，
> シームレスに解析を進めることができる

あとがき

本書は，システムバイオロジーの起こり，現状，今後に関して「実験医学」誌での連載をベースに加筆・修正を行ったものである．多くの重要なポイントはカバーされている．しかし，本書の中で触れていないが，今後の展開で非常に重要な点がある．そのことに触れておわりにしたい．

それは，「システム崩壊のサイエンス」である．生物学で扱う系は，正常な系の応答や正常からの逸脱としての疾病を対象とするが，より踏み込んで，"正常状態からの逸脱"が"新しい秩序"と"完全なシステム崩壊"に至る経路に関する研究が必要であると感じている．

その1つは，第2講で少し触れた自己組織化であるが，正常制御から逸脱し，新しい状態を自己組織的に出現させた結果としての疾病状態である．一部の疾病は，進化的に獲得された制御から逸脱すると同時に，その制御系が違う文脈でハイジャックされていることが多い．その状態が，安定化すると疾患であり，新しい秩序の生成を伴う．このような状態も維持ができなくなり，基本的な制御が機能しなくなることで，不安定遷移過程を

引き起こすと，終局的なシステムの機能不全へと向かうと考えられる．

正常状態 →新秩序の生成→ 疾病状態 →不安定遷移→ システム崩壊

これはきわめて理論的な議論であるが，システムの維持と崩壊のサイエンスに対して具体的な実証を行える段階になれば，大きなインパクトがあるであろう．

はじめに述べたように，システムバイオロジーは今まさに新たな成長期に入った研究領域である．本書で紹介した実践的研究などが実用化されると同時に，それらの結果を踏まえて，さらに基礎的な理解が深まると思われる．その過程で新たな理論体系展開の可能性もあり，この分野の今後が楽しみである．ぜひ本書の読者に，新しい展開を切り拓いていただきたい．

北野宏明

さくいん

欧文

API 112, 182
BioModels 156
BioPAX 110, 157
Bode-Shannon 定理 99, 101
CellDesigner 150, 178
COPASI 158
Cytoscape 146, 159
Deep Blue 119
EBI 156
Flint 164
FoldIt 117
Garuda Alliance 57, 112
Garuda Gateway 112, 174
Garuda Platform
.... 57, 111, 158, 171, 174
gTOW 法 85
iPathways+ 153
Jeopardy! 115
KEGG 146, 176
MATLAB 146, 158
Nandi 175
npj Systems Biology and Applications
.... 19
ODE ソルバ 155
Payao 153
PHML 164
PhysioDesigner 162
RoboCup 14
Robot Scientist 115
SBGN 110, 151, 153
SBML 110, 153, 165
State Transition ダイアグラム 151
tranSMART/eTRIKS プロジェクト 57
Virtual Cell Laboratory 42
WATSON 115

和文

あ行

アドバンスト・インテリジェンス 141
一般意味論 122
一般システム理論 15
オープニング・ゲーム 38

か行

確率的順序機械 46
クラウド・サイエンス 117
クラスターニュートン法 78
計算モデル 26, 60, 88, 137
工学システム 95, 102, 138
合成生物学 28
構造不確定性 69
コンパニオン診断 65
コンビネーション・ドラッグ 131

さ行

サイバネティックス 15
散逸系理論 34
システム・バイオロジー研究機構(SBI)
.... 19, 56
自然言語 120, 127
シミュレーション 42, 85, 156, 169
人工知能 114, 128
診断 133
推定リスク 70
生化学的相互作用 79

セットポイント 102, 136
相互作用定数 79
創薬パイプライン 55
創薬プロセス 54
ソフトウエア 148, 109
ソフトウエア・インターオペラビリティー
.... 111

た行
多階層モデル構築 162
ディープ・キュレーション 72, 152
ドラッグ・リポジショニング 133

な行
認知言語論 122
認知バイアス 128
ネガティブフィードバック 102, 136
ノイズ 95

は行
バーチャルバイオロジー 13
バイオインフォマティクス 25
バイファケーション分析 78
パラメータ推定 77, 157
パラメータセット 79, 89
パラメータ不確定性 69
パラメータ・リスク 69
ヒューマノイドロボット 14, 136
フィードバック 10, 99, 135
フィードバック制御 102, 135
複雑系 33
文献バイアス 74
ホメオスタシス 31

ま行
マップ 72, 146, 152
モジュール 163
モデル 72
モデル駆動制御 136
モデル構築 26, 72, 84, 95, 154
モデル・リスク 69, 90

や行
揺らぎ 95

ら行
ローパスフィルタ 96
ロバスト制御理論 70, 98
ロバストネス 30, 90
ロバストネス・トレードオフ 103
ロバストネス・プロファイル 93, 105

さくいん | **189**

執筆者一覧

本書は，北野宏明博士が全体構成を企画し，
以下の執筆者により分担執筆されました．

北野　宏明　　システム・バイオロジー研究機構
　　　　　　　沖縄科学技術大学院大学
　　　　　　　理化学研究所 統合生命医科学研究センター
　　　　　　　ソニーコンピュータサイエンス研究所
　　　　　　　　　　　　　　　　　　　　　　第1〜8講

松岡由希子　　システム・バイオロジー研究機構　　第9, 11講

藤田　一広　　システム・バイオロジー研究機構　　第9, 11講

Samik Ghosh　システム・バイオロジー研究機構　　第9, 11講

浅井　義之　　沖縄科学技術大学院大学　　　　　　第10講

山下　富義　　京都大学大学院薬学研究科　　　　　第10講

Nikos Tsorman　システム・バイオロジー研究機構　第11講

本書は，小社刊行の『実験医学』誌の2013年11月号〜2015年1月号（奇数号）に連載された「Dr.キタノのシステムバイオロジー塾」に掲載されたものに，加筆・修正し，新たなイラストを加えて単行本化したものです．

北野宏明 (Hiroaki Kitano)

株式会社ソニーコンピュータサイエンス研究所 代表取締役社長，特定非営利活動法人システム・バイオロジー研究機構 会長，沖縄科学技術大学院大学 教授，理化学研究所統合生命医科学研究センター疾患システムモデリング研究グループ グループディレクター．npj Systems Biology and ApplicationsのEditor-in-Chief．1984年，国際基督教大学教養学部理学科（物理学専攻）卒業．1991年，京都大学博士（工学）．ロボカップ国際委員会ファウンディング・プレジデント．Computers and Thought Award（1993），Prix Ars Electronica（2000），ネイチャーメンター賞中堅キャリア賞（2009）等受賞．ベネツィア・建築ビエンナーレ，ニューヨーク近代美術館（MoMA）等で招待展示を行う．

Dr. 北野のゼロから始めるシステムバイオロジー

2015年4月5日 第1刷発行	企画・執筆	北野宏明
	発行人	一戸裕子
	発行所	株式会社 羊 土 社
		〒101-0052
		東京都千代田区神田小川町2-5-1
		TEL　03（5282）1211
		FAX　03（5282）1212
		E-mail　eigyo@yodosha.co.jp
		URL　http://www.yodosha.co.jp/
	ブックデザイン	辻中浩一・内藤万起子（ウフ）
ⓒ YODOSHA CO., LTD. 2015	撮　影	辻中浩一
Printed in Japan	オブジェ制作	フジイイクコ
ISBN978-4-7581-2054-8	印刷所	株式会社 加藤文明社

本書に掲載する著作物の複製権，上映権，譲渡権，公衆送信権（送信可能化権を含む）は（株）羊土社が保有します．
本書を無断で複製する行為（コピー，スキャン，デジタルデータ化など）は，著作権法上での限られた例外（「私的使用のための複製」など）を除き禁じられています．研究活動，診療を含み業務上使用する目的で上記の行為を行うことは大学，病院，企業などにおける内部的な利用であっても，私的使用には該当せず，違法です．また私的使用のためであっても，代行業者等の第三者に依頼して上記の行為を行うことは違法となります．

JCOPY <（社）出版者著作権管理機構 委託出版物>
本書の無断複写は著作権法上での例外を除き禁じられています．複写される場合は，そのつど事前に，（社）出版者著作権管理機構（TEL 03-3513-6969，FAX 03-3513-6979，e-mail：info@jcopy.or.jp）の許諾を得てください．

羊土社のオススメ書籍

驚異のエピジェネティクス
遺伝子がすべてではない!? 生命のプログラムの秘密

中尾光善／著

私たちの運命＜プログラム＞は変わらない？ いえ、経験や食事、ストレスなどによって変化します．その不思議なしくみを解き明かす"エピジェネティクス"研究の世界を、予備知識がなくても堪能できます！

☐ 定価（本体2,400円＋税）　☐ 四六判　☐ 215頁　☐ ISBN 978-4-7581-2048-7

バイオ画像解析 手とり足とりガイド
バイオイメージングデータを定量して生命の形態や動態を理解する！

小林徹也，青木一洋／編

代表的なソフトウェアの基本操作とともに，細胞数のカウント，シグナル強度の定量，形態による分類など，あらゆる用途に応用可能な実践テクニックをやさしく解説！イメージングデータを扱うすべての研究者，必読の1冊！

☐ 定価（本体5,000円＋税）　☐ A4変型判　☐ 221頁　☐ ISBN 978-4-7581-0815-7

ライフハックで雑用上等
忙しい研究者のための時間活用術

阿部章夫／著

研究時間は楽しく生み出せ！ラボを主宰するなかで著者が編み出した，仕事の効率がぐっと上がるワザやアプリ活用法を大公開．PIになるためのノウハウも伝授します．雑用につぶされそうなあなたに，本書で幸せを！

☐ 定価（本体2,600円＋税）　☐ A5判　☐ 190頁　☐ ISBN 978-4-7581-2052-4

実験医学
バイオサイエンスと医学の最先端総合誌

月刊

特集｜毎号，今が旬の研究テーマを分野の第一人者がわかりやすくレビュー！

連載｜実験のコツから研究生活が楽しくなるエッセイまで，役立つ情報が満載！

☐ 毎月1日発行　☐ 定価（本体 2,000円＋税）　☐ B5判

発行　羊土社 YODOSHA

〒101-0052 東京都千代田区神田小川町2-5-1　TEL 03(5282)1211　FAX 03(5282)1212
E-mail：eigyo@yodosha.co.jp
URL：http://www.yodosha.co.jp/

ご注文は最寄りの書店，または小社営業部まで